十万个未解之谜系列

KONGLONG

恐龙之谜

青少科普编委会 编著

吉林出版集团
JiLin Publishing Group
吉林科学技术出版社
JiLin Science&Technology Publishing House

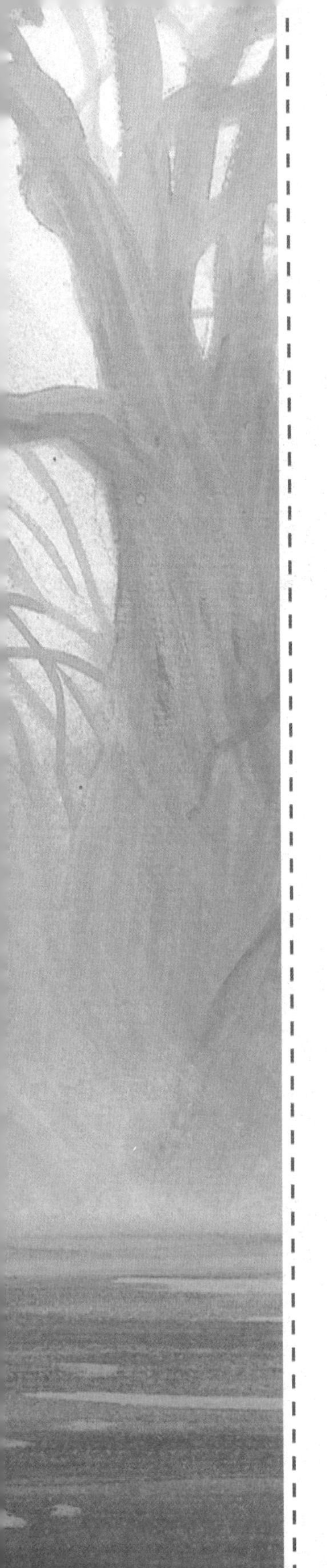

前言

Foreword

在6500万年前地球上，生活着一群神秘又霸气的庞然大物——恐龙。陆地、天空和海洋，到处都有它们的身影。可是，有一天恐龙却神秘地从地球上消失了。自恐龙化石被发现以来，有关恐龙的话题就从未断过，从科学家、古生物专家，到普通民众，尤其是青少年朋友，更是津津乐道，向往有加。

人类天生具有好奇心和求知欲，这群远古的地球霸主，丰富又传奇的生活，不但给我们提供了一个虚拟的幻想空间，更了解到了地球地貌的变化过程。

本书奇妙生动的语言，深入浅出地讲述了恐龙的生活环境和生活习性，各种不同种类恐龙的身体结构，生存法则等知识，以及人类是怎样从恐龙化石追寻恐龙足迹的故事。在满足孩子好奇心的同时，也培养了他们的科学意识。翻开本书，和我们一起来探索遥远世界里恐龙的奥秘吧！

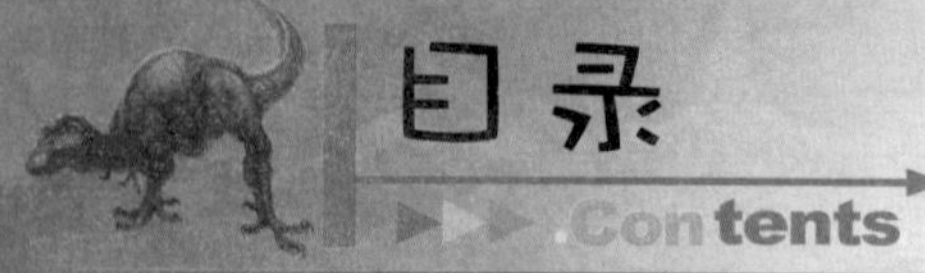

目录

Contents

神秘的恐龙时代

恐龙家族大揭秘

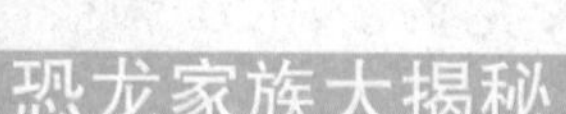

重返三叠纪

游历侏罗纪

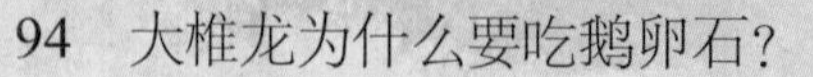

追踪白垩纪

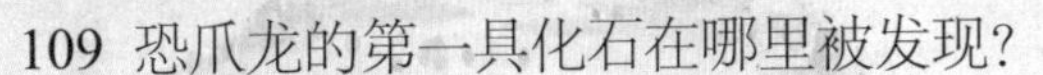

与恐龙同行

探索之路

神秘的恐龙时代>>>

6500万年前地球的洪荒时代，在大片的沼泽、盆地、草原和森林之间，生活着一群曾经称霸一时的生物——恐龙。庞大的身躯，尖利的牙齿，强健的后肢，旋风般的奔跑和捕食速度，使它们成为地球上的王者。巨大的体型，惊人的食量，同类间为了生存而相互厮杀……有关它们的传说，至今还在继续。

恐龙

什么是恐龙？

两亿多年前，地球上生活着一个庞大的家族——恐龙，它们统治着陆地、海洋和天空，但后来却神秘地消失了。恐龙种类繁多，大的有十几头大象加起来那样大，小的只有一只鸡大小；有的恐龙吃素，有的恐龙吃肉，有的荤素通吃；有的灵活敏捷；有的笨重愚钝。我们今天对恐龙的了解，都是由它们的化石得来的。

体型大小不一的恐龙

恐龙生活在什么时代？

恐龙这群曾经的地球霸主大约生活在2.3亿年前，一直到6500万年前，才神秘地灭绝了。它们是当时地球上的主宰者，科学家把这个时期称为“恐龙时代”。

捕食的恐龙

恐龙生活在什么地方？

人们最早在欧洲发现了恐龙化石，后来又在北美洲、亚洲、非洲、南美洲、大洋洲等地，甚至在南极洲也找到了恐龙化石。这些发现说明恐龙可以在各地四处漫游，它们几乎遍布地球陆地上的各个角落。

恐龙可以在各地四处漫游

翼龙是恐龙生活时代的空中霸主，常生活在湖泊、浅海的附近。

kǒng lóng tǒng zhì dì qiú duō cháng shí jiān
恐龙统治地球多长时间？

cóng sān dié jì zhōng wǎn qī dào bái è jì mò qī kǒng lóng tǒng zhì
从三叠纪中晚期到白垩纪末期，恐龙统治
quán qiú chāo guò yì nián zhī jiǔ jiāng jìn shì rén lèi zài dì qiú shang
全球超过1.65亿年之久，将近是人类在地球上
shēng cún shí jiān de bèi kǒng lóng shēng cún de zhè duàn shí qī zhèng shì
生存时间的100倍。恐龙生存的这段时期正是
dì qiú lì shǐ shang yǐn rén zhù mù de zhōng shēng dài zhōng shēng dài kě huà
地球历史上引人注目的中生代。中生代可划
fēn wéi sān dié jì zhū luó jì hé bái è jì zhū luó jì shì kǒng lóng shēng
分为三叠纪、侏罗纪和白垩纪。侏罗纪是恐龙生
cún de dǐng shèng shí qī cǐ shí dà xíng de
存的鼎盛时期，此时大型的
kǒng lóng hé zài kōng zhōng fēi xíng de yì lóng
恐龙和在空中飞行的翼龙
chū xiàn suī rán kǒng lóng bù duàn fán shèng
出现。虽然恐龙不断繁盛，
dàn dào le bái è jì mò qī kǒng lóng dōu
但到了白垩纪末期，恐龙都
miè jué le niǎo lèi hé bǔ rǔ lèi fán
灭绝了。鸟类和哺乳类繁
shèng bù jiǔ rén lèi yě chū xiàn le
盛，不久人类也出现了。

似鸡龙是生活在白垩纪晚期的恐龙，它身上长满了鸟类一样的羽毛，是奔跑迅速的一种恐龙。

kǒng lóng yǔ rén lèi zǔ xiān gòng cún guò ma
恐龙与人类祖先共存过吗？

dà yuē zài wànniánqián suǒ yǒu língzhǎng lèi dòng wù bāo kuò
大约在8000万年前，所有灵长类动物（包括
rén lèi gòngtóng de zǔ xiān céngjīng hé kǒnglóng yī qǐ shēnghuó zài tóng yī
人类）共同的祖先，曾经和恐龙一起生活在同一
shǐ qián shí dài bái è jì zhè
史前时代——白垩纪。这
shuōmíng kǒnglóng bù dàn hé wǒ men
说明恐龙不但和我们
de zǔ xiāngòngcún guò ér qiě jīng
的祖先共存过，而且经
guò le màncháng de wèi shēng cún ér
过了漫长的为生存而
xiāng hù sī shā de guòchéng
相互厮杀的过程。

和恐龙共存过的灵长类动物大猩猩

kǒng lóng zuì zǎo chū xiàn zài shén me shí hou
恐龙最早出现在什么时候？

kǒnglóng zuì zǎo chū xiàn zài sān dié jì zhōngwǎn qī sān dié jì zǎo
恐龙最早出现在三叠纪中晚期。三叠纪早
qī de tiān qì xiāngdāngyán rè gān zào dàn dàozhōng wǎn qī zhī hòu qì
期的天气相当炎热、干燥，但到中、晚期之后，气
hòu mànmànbiàn de yuè lái yuè shī rè zhè jiù shǐ de yuán lái de nà xiē hàn
候慢慢变得越来越湿热，这就使得原来的那些旱
shēngxìng zhí wù xiàng shī rè xìng zhí wù fā zhǎn jiù zài zhè ge shí hou yuán
生性植物向湿热性植物发展，就在这个时候，原
lái chēng bà de pá xíngdòng wù jiàn jiàn
来称霸的爬行动物渐渐
zāoshòu qī fu yīn wèi chōngmǎn
“遭受欺负”，因为充满
bà qì de kǒnglóng chūchǎng le
霸气的恐龙“出场了”。

恐龙生活的地方

sān dié jì chū xiàn le nǎ xiē kǒng lóng
三叠纪出现了哪些恐龙？

埃雷拉龙

sān dié jì wǎn qī qì hòu shī rè zhè shí zuì zǎo
三叠纪晚期，气候湿热。这时，最早
de kǒnglóng shǐ dào lóng chū xiàn le kē huàn dà piàn zhū
的恐龙——始盗龙出现了，科幻大片《侏
luó jì gōngyuán lǐ de líng dào lóng sù lóng jí zǒu lóng bào
罗纪公园》里的伶盗龙（速龙、疾走龙）、暴
lóng bà wánglóng dōu shì tā de zǐ sūn yǔ shǐ dào lóng jī
龙（霸王龙）都是它的子孙。与始盗龙基
běntóng yī shí qī de hái yǒu nán měizhōu de āi léi lā lóng yǔ nán
本同一时期的还有南美洲的埃雷拉龙与南
shí zì lóngděng ér cǐ shí de běi měizhōu zé shēnghuó zhe yī qúngèng jiā xiōngměng de ròu shí kǒng
十字龙等，而此时的北美洲则生活着一群更加凶猛的肉食恐
lóng qiāng gǔ lóng cǐ shí zuì zhùmíng de zhí shí kǒnglóng yào shù ōu zhōu de bǎn lóng fēi zhōu
龙——腔骨龙。此时最著名的植食恐龙要数欧洲的板龙，非洲
de wù lóng yà zhōu de lù fēnglóng tā men de tǐ cháng mǐ shǔ yú yuán xī jiǎo lèi
的兀龙，亚洲的禄丰龙，它们的体长5～8米，属于原蜥脚类。

kǒng lóng shì zài nǎ ge shí qī chēng bà de
恐龙是在哪个时期称霸的？

jīng guò duì sān dié jì de duǎnzàn shì yìng zhū luó jì kě wèi kǒnglóng
经过对三叠纪的短暂适应，侏罗纪可谓恐龙
fā zhǎn de dǐngshèng shí qī le zhè shí
发展的鼎盛时期了，这时，
páng dà de xī jiǎo lèi kǒnglóng kāi shǐ chū xiàn
庞大的蜥脚类恐龙开始出现
bìng fán zhí chángjǐng sì jiǎo sù shí kǒnglóng yī dù
并繁殖，长颈四脚素食恐龙一度
chéngwéi zhè ge dì qiú shang zuì dà de shēng wù zhū
成为这个地球上最大的生物。侏
luó jì mò qī shì kǒnglóngtǒng zhì dì qiú de huáng jīn shí
罗纪末期是恐龙统治地球的“黄金时
jiān kǒnglóngchéng le dāng zhī wú kuì de dì qiú bà zhǔ
间”，恐龙成了当之无愧的地球霸主。

迷惑龙是蜥脚类恐龙中的一种素食恐龙，它体形巨大，行走时会发出像打雷一样的巨响，所以古生物学家曾经给它取了“雷龙”这个形象的名字。

侏罗纪有哪些恐龙？

侏罗纪是恐龙的鼎盛时期，巨型肉食恐龙以同样长得巨大的素食恐龙为食。肉食恐龙有小型恐龙，如嗜鸟龙和细鄂龙；也有大型的猎者，如双冠龙和角鼻龙。长颈的素食恐龙有蜀龙、梁龙和雷龙。两脚素食恐龙以小盾龙、树龙和弯龙为代表；长颈四脚素食恐龙是从未有过的最大的陆地动物。有鳞甲的素食恐龙，像棱背龙和剑龙，也同时在侏罗纪时期出现。天空上由会飞的翼龙类控制。

剑龙通常体长为3米～12米，在它那高高拱起的呈弓状的脊背上，这种四足行走的恐龙，常常出没于河湖附近的丛林中。

bái è jì shí qī de dì qiú shì shén me yàng de

白垩纪时期的地球是什么样的？

bái è jì shí dì qiú fā shēng dà guī mó dà lù piāo yí dà xī
白垩纪时，地球发生大规模大陆漂移，大西
yáng xùn sù kāi liè huǒ shān huó dòng pín fán qì hòu wēn nuǎn cháo shī yǒu huā
洋迅速开裂，火山活动频繁，气候温暖潮湿，有花
zhí wù kāi shǐ chū xiàn niǎo lèi zhòng duō zhǒng lèi fēng fù hǎi yáng zhōng hùn
植物开始出现，鸟类众多，种类丰富。海洋中混
lóng lèi de shàng lóng hé hǎi shēng xī yì lèi de cāng lóng shēn cháng kě chāo guò
龙类的上龙和海生蜥蜴类的沧龙身长可超过
mǐ zào jiāo de hòu ké gé
15米。造礁的厚壳蛤
dá dào jí shèng shí qī yī
达到极盛时期，一
dù qǔ dài shān hú chéng wéi
度取代珊瑚成为
zhǔ yào de zào jiāo shēng wù
主要的造礁生物，
shǐ xiàn dài lèi xíng de shān hú
使现代类型的珊瑚
jiāo zhōng duàn le jiāng jìn
礁中断了将近7000
wàn nián
万年。

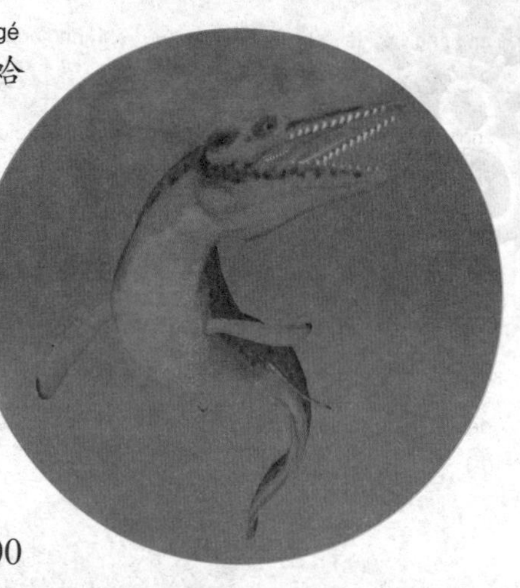

沧龙

bái è jì de kǒng lóng yǒu shén me tè diǎn
白垩纪的恐龙有什么特点？

bái è jì kǒnglóng de zhǒng lèi zuì wéi fán duō jiàn lóng zài bái è jì
白垩纪恐龙的种类最为繁多。剑龙在白垩纪
zǎo qī jiù miè jué le ér zài bái è jì wǎn qī yā zuǐ lóng jiǎ lóng hé jiǎo
早期就灭绝了，而在白垩纪晚期鸭嘴龙、甲龙和角
lóng què xùn sù fā zhǎn zhè gè shí qī de kǒnglóng tǐ xíng dōu bǐ jiào páng dà
龙却迅速发展。这个时期的恐龙体型都比较庞大，
zuì zhùmíng de shì bà wánglóng shì lù dì shang zuì dà de shí ròu dòng wù cǐ
最著名的是霸王龙，是陆地上最大的食肉动物；此
wài hái yǒu zài tiānkōngzhōng zì yóu huáxiáng de yì lóng lèi jù dà de shuǐ
外，还有在天空中自由滑翔的翼龙类；巨大的水
shēng pá xíngdòng wù rú hǎi wánglóngxiàng lóngwáng yī yàngtǒng zhì zhe qiǎn hǎi
生爬行动物，如海王龙像“龙王”一样统治着浅海。

bái è jì hǎi yángzhōng de pá xíng dòng wù yǒu nǎ xiē
白垩纪海洋中的爬行动物有哪些？

zài bái è jì hǎi yángzhōng shēngcún de pá xíngdòng wù yǒu yá chǐ hěn
在白垩纪海洋中生存的爬行动物有牙齿很
fēng lì de shànglóng hái yǒu zhǎngzhe chángcháng de bó zi xiǎo xiǎo de nǎo
锋利的上龙，还有长着长长的脖子、小小的脑
dai xiàng yī zhī hǎi guī de tóu zhuāng zài chángshé shēnshang shì de shé jǐng
袋、像一只海龟的头装在长蛇身上似的蛇颈
lóng yǐ jí tǐ xíngzhǎngxiàng hé xiàn zài de è yú fēi chángxiāng sì de cāng
龙，以及体型长相和现在的鳄鱼非常相似的沧
lóng tǐ xíng jù dà zhǎngxiàng fēi chángguài yì de báo piàn lóng děng
龙，体型巨大长相非常怪异的薄片龙等。

蛇颈龙是生活在7000多万～1亿年前的一种巨大的水生爬行动物。

恐龙为什么会灭绝？

长期以来，最权威的观点认为，一颗小行星撞到地球上，导致被子植物无法生长，草食性恐龙相继死掉，接着肉食性恐龙也无法生存了。还有说随着哺乳动物的增多，恐龙蛋遭到偷窃，恐龙逐渐灭亡了。此外，还有气温变冷、疾病流行、酸雨等说法。

恐龙是否同时灭绝？

一代霸主怎么会在一瞬间消失呢？即便是流行的小行星撞击说，这次大爆炸只有部分恐龙在当时灭绝，其他一些恐龙躲过了劫难，继续生存下来，挣扎着生活了几百万年。如果是另外一些说法导致的恐龙灭绝，也是因为恐龙不适应气候变迁、物种变化等因素，而最终相继灭绝，可以看出曾经的庞大恐龙家族不会同时灭绝的。

恐龙因为不适应新的气候和环境而最终相继灭绝

èr dié jì dòng wù shì zěn me miè jué de
二叠纪动物是怎么灭绝的？

èr dié jì mò qī fā shēng le yǒu shǐ yǐ lái zuì yánzhòng de dà
二叠纪末期，发生了有史以来最严重的大
miè jué shì jiàn gū jì dì qiú shangyǒu de wù zhǒngmiè jué qí zhōng
灭绝事件，估计地球上有96%的物种灭绝，其中
de hǎi yángshēng wù hé
90%的海洋生物和
de lù dì jǐ zhuīdòng
70%的陆地脊椎动
wù miè jué sān yè chóng
物灭绝。三叶虫、
hǎi xiē yǐ jí zhòngyàoshān hú
海蝎以及重要珊瑚
lèi qúnquán bù xiāo shī zhè
类群全部消失。这
cì dà miè jué shì yóu qì hòu tū biàn shā mò fàn wéi kuò dà huǒshānbào
次大灭绝是由气候突变、沙漠范围扩大、火山爆
fā děng yī xì liè yuán yīn zàochéng de
发等一系列原因造成的。

三叶虫化石

kǒng lóng miè jué qián xī dì qiú shangshēng huó zhe nǎ jǐ zhǒngkǒng lóng
恐龙灭绝前夕，地球上生活着哪几种恐龙？

zài kǒnglóng miè jué qián xī dì qiú shang hái zài xiāozhāng de kǒnglóng yǒu bào lóng sān
在恐龙灭绝前夕，地球上还在“嚣张”的恐龙有暴龙、三
jiǎo lóng jiǎ lóng āi dé méngdùn lóng bēnshānlóng niú jiǎo lóng xiǎo yā zuǐ lóng hé yuánlóng
角龙、甲龙、埃德蒙顿龙、奔山龙、牛角龙、小鸭嘴龙、河源龙、
shòujiǎo lóng bǐ rú bà wánglóng xī jiǎo
兽脚龙（比如霸王龙）、蜥脚
lóng bǐ rú léi lóng hé liánglóng niǎo jiǎo lóng
龙（比如雷龙和梁龙）、鸟脚龙
bǐ rú qīng dǎo lóng jiàn lóng jiǎo lóng bǐ rú
（比如青岛龙）、剑龙、角龙（比如
sān jiǎo lóng jiǎ lóng zhǒng tóu lóng děngděng
三角龙）、甲龙、肿头龙，等等。

暴龙

正在吃食物的恐龙

恐龙灭绝是因为食物中毒吗？

一些生物学家认为，恐龙是由于慢性食物中毒才灭绝的。当时，食草性恐龙主要以苏铁、单齿等裸子植物为食，这些植物体内产生了有毒性的生物碱。先是食草恐龙中毒，后来食肉恐龙也间接中毒。这样，毒素在恐龙体内越积越多，最后整个种群都在地球上消失了。

是太阳“杀害”了恐龙吗？

各种太阳活动中，对地球影响最大的就是耀斑。耀斑发生时，能在一瞬间发射出高能粒子流。耀斑的粒子流对生物的遗传基因破坏性很大，能使生物大量死亡。远古时候太阳很可能发生过耀斑，所以恐龙等大量古生物被高能粒子杀死，也是很有可能的。

恐龙是被哺乳动物赶下台的吗？

哺乳动物中的有袋类拥有更强的适应环境能力，恐龙灭亡之后，它们在新生代里占据了优势。

恐龙与哺乳动物之间的生存竞争是有的，但哺乳动物根本不是恐龙的对手。它们身上那点肉，还不够大恐龙塞牙缝的；只有那些小恐龙才会捕捉哺乳动物充饥。哺乳动物在恐龙灭绝后，又过了100万～200万年，才获得空前的发展。因此，恐龙不是被哺乳动物赶下台的。

高大的恐龙

 为什么有的爬行动物没有灭绝？

6500万年前，恐龙惨遭灭顶之灾时，同是爬行动物的鳄类、龟鳖类、蜥蜴类、蛇类以及不大出名的喙头蜥，却大难不死，延续至今，科学家分析有以下几种原因：残存的爬行类动物身体细小，危难来临时易躲避，对食物需求量小，容易存活；有些因为生存环境偏僻孤立，没有竞争对手，也能繁衍至今。

蜥蜴

恐龙有残存的可能吗？

鳄类、龟鳖类、蜥蜴类、蛇类及喙头蜥类，这些爬行类的原始祖先现在还都存在，就连人们认为早在恐龙消失前就已绝种的腔棘鱼（两栖类的祖先类型），也于1938年在靠近非洲东海海岸的深海里被发现。据此推理，个别的恐龙遗老遗少们至今仍生活在地球的某个角落里，并不是完全没有可能的。

shuí shì zuì hòu miè jué de kǒng lóng
谁是最后灭绝的恐龙？

nà xiē yī zhí shēnghuó dào dà miè jué qián de zuì hòu yī kè de kǒnglóng dōusuàn shì zuì hòu miè jué de kǒnglóng zhè xiē kǒnglóngzhōngbāo kuò le xǔ duōzhǒng lèi qí zhōng sù shí de kǒnglóngzhōng jiù yǒu sān jiǎo lóng zhǒngtóu lóng ài dé méng tuō lóngděng ér zài ròu shí kǒng lóng zhōng zé yǒu dà jiā shú zhī de bà wáng lóng yǐ jí jù chǐ lóngděng

那些一直生活到大灭绝前的“最后一刻”的恐龙，都算是最后灭绝的恐龙。这些恐龙中包括了许多种类，其中，素食的恐龙中就有三角龙、肿头龙、艾德蒙托龙等；而在肉食恐龙中则有大家熟知的霸王龙以及锯齿龙等。

霸王龙

三角龙是最晚出现的恐龙之一，经常被作为白垩纪晚期的代表化石。

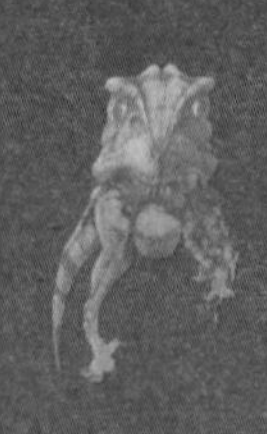

恐龙家族大揭秘»»

体型巨大，身上长着犀角的梁龙，张开利爪和翅膀在天空滑翔的翼龙，有着三只角的角龙，一张大嘴可以吞下一头小猪的异特龙……恐龙家族的成员，各色各样，它们生活在不同的区域环境，身体结构、捕食方式也各有各的招数。走进恐龙家族，了解它们千奇百怪的生活方式吧！

恐龙是怎么分类的？

蜥龙类恐龙

恐龙，实际上包含着两类差异很大的动物群体。腰带，俗称骨盆，每侧由3块骨头组成，上面的叫肠骨，下面的叫坐骨和耻骨。这3块骨头的形态和排列方式揭示着动物在行走、生殖等方面的差异。根据腰带骨头排列方式不同，人们把恐龙分为鸟龙类和蜥龙类。

恐龙种类有多少？

恐龙的种类繁多，根据腰带骨头排列，可分成鸟龙类和蜥龙类。蜥龙类恐龙大小悬殊，两足行走的被称为兽脚类，四足行走的被称为蜥脚类。鸟龙类可以分为四个类群，即鸟脚类、剑龙类、甲龙类和角龙类。鸟龙类龙有两个共性：四足行走和食素。

异特龙是典型的大型兽脚类恐龙，它们生存于晚侏罗纪。

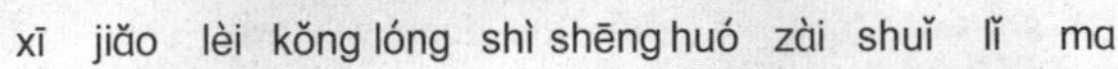
xī jiǎo lèi kǒng lóng shì shēng huó zài shuǐ lǐ ma

蜥脚类恐龙是生活在水里吗？

xī jiǎo lèi kǒnglóng páng dà de shēn qū hé shuò cháng de bó zi kěn
蜥脚类恐龙庞大的身躯和硕长的脖子，肯
dìngnéng zài qiǎn tān hé zhǎo zé zhōng mì shí huò duǒ bì ròu shí xìng kǒnglóng
定能在浅滩和沼泽中觅食，或躲避肉食性恐龙
de gōng jī dàn tā de jiān gù de shēn tǐ zhī chēng gòu zào biǎomíng tā hái
的攻击。但它的坚固的身体支撑构造表明，它还
shì yǐ lù qī shēnghuó fāng shì wéi zhǔ de yīn wèi zhǐ yǒu dà liàng lù
是以陆栖生活方式为主的——因为只有大量陆
shēng zhí wù de nèn zhī yè cái néng mǎn zú tā nà jù dà de wèi kǒu
生植物的嫩枝叶，才能满足它那巨大的胃口。

异特龙是一种喜欢主动攻击别的动物的大型掠食者

shén me shì ròu shí kǒng lóng

什么是肉食恐龙？

ròu shí kǒnglóng jiù shì yǐ ròu lèi wéi tā de zhǔ yào shí wù
肉食恐龙就是以肉类为它的主要食物
lái yuán cóng ér dé yǐ shēngcún de kǒnglóng
来源，从而得以生存的恐龙。
chī ròu de kǒnglóng hěn duō bāo kuò bà wánglóng
吃肉的恐龙很多，包括霸王龙、
bào lóng yǒngchuānlóng jù chǐ lóng yì tè lóng
暴龙、永川龙、巨齿龙、异特龙、
shǐ dào lóng shì niǎolóng mèi lóng kǒngzhuǎlóng qiāng gǔ lóng shí zì lóng
始盗龙、嗜鸟龙、寐龙、恐爪龙、腔骨龙、十字龙、
yuè lóng zhǎizhuǎlóng sù lóng jǐ bèi lóng zhòngzhuǎlóng kǒngshǒulóng
跃龙、窄爪龙、速龙、脊背龙、重爪龙、恐手龙、
chí lóng bēn lóng mǎ jūn lú lóng děngděng
驰龙、奔龙、犸君颅龙，等等。

ròu shí kǒng lóng yǐ shén me dòng wù wéi shí kǒng lóng huì chī tóng lèi ma
肉食恐龙以什么动物为食？恐龙会吃同类吗？

dà xíng de ròu shí lóng zhǔ yào bǔ liè dà xíng de sù shí kǒnglóng lì
大型的肉食龙主要捕猎大型的素食恐龙，例
rú liánglóng léi lóng mǎ mén xī lóng yā zuǐ lóngděngdōu shì tā men de měi
如梁龙、雷龙、马门溪龙、鸭嘴龙等都是它们的美
shí xiǎoxíng de ròu shí lóng chī xiǎodòng wù rú xiǎo de pá xíng lèi kūnchóng
食；小型的肉食龙吃小动物，如小的爬行类、昆虫
jí bǔ rǔ lèi yī zhǒng tǐ xíngqīngqiǎo de xiǎoxíng ròu shí lóng yǐ tōu chī
及哺乳类。一种体型轻巧的小型肉食龙，以偷吃
qí tā kǒnglóng de dàn wéishēng zhèyàngkàn lái kǒnglóngdāngrán huì chī zì
其他恐龙的蛋为生。这样看来，恐龙当然会吃自
jǐ de tóng lèi
己的同类。

shén me shì sù shí kǒng lóng
什么是素食恐龙？

sù shí kǒnglóng jiù shì yǐ zhí wù zuò wéi zhǔ yào shí wù lái yuán de
素食恐龙就是以植物作为主要食物来源的
kǒnglóng zhǔ yào bāo kuò xī jiǎo lèi kǒnglóng yā zuǐ lóng wànlóng liánglóng
恐龙，主要包括蜥脚类恐龙、鸭嘴龙、腕龙、梁龙、
bāo tóu lóng mǎ
包头龙、马
mén xī lóng sān
门溪龙、三
jiǎo lóng jiàn lóng
角龙、剑龙
děng qí zhōngbǎn lóng shì zhè
等。其中板龙是这
xiē zǎo qī sù shí kǒnglóngzhōng de
些早期素食恐龙中的
zhòngyào dài biǎo
重要代表。

板龙是生活在地球上最早的巨型素食恐龙之一

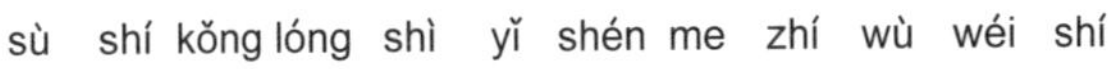

sù shí kǒng lóng shì yǐ shén me zhí wù wéi shí
素食恐龙是以什么植物为食？

sù shí kǒng lóng shì yǐ luǒ zǐ zhí wù hé jué lèi zhí wù wéi zhǔ yào shí wù lái yuán luǒ zǐ zhí wù shì zuì dī jí zuì yuán shǐ de zhí wù wù zhǒng bǐ rú yún shān sōng shù yín xìng děng jué lèi zhí wù yě shì bǐ jiào gǔ lǎo de zhí wù wù zhǒng

素食恐龙是以裸子植物和蕨类植物为主要食物来源。裸子植物是最低级、最原始的植物物种，比如云杉、松树、银杏等。蕨类植物也是比较古老的植物物种。

银杏树

xiān yǒu ròu shí xìng kǒng lóng hái shì xiān yǒu sù shí xìng kǒng lóng
先有肉食性恐龙还是先有素食性恐龙？

kǒng lóng zuì chū dōu shì ròu shí xìng de hòu lái yóu yú shēng cún huán jìng yuè lái yuè è liè shí wù duǎn quē yī bù fen kǒng lóng bù dé bù kāi shǐ chī sù jiàn jiàn de zhè bù fen kǒng lóng de shēn tǐ jī zhì yǐ jīng wán quán shì yìng le sù shí shēng huó jiē zhe tā men jiù kāi shǐ guò shàng le wán quán sù shí de shēng huó chéng wéi sù shí xìng kǒng lóng

恐龙最初都是肉食性的，后来由于生存环境越来越恶劣，食物短缺，一部分恐龙不得不开始“吃素”。渐渐地，这部分恐龙的身体机制已经完全适应了素食生活，接着它们就开始过上了完全素食的生活，成为素食性恐龙。

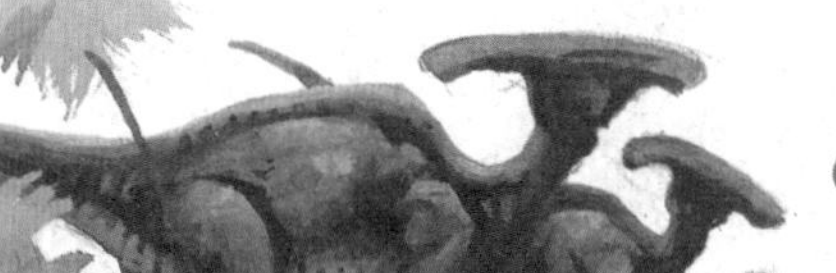

素食性恐龙

蜥脚类恐龙的食量有多大？

蜥脚类恐龙体型巨大，食量也惊人。一头30吨重的蜥脚恐龙，一天要吃掉两吨的食物。这么多的食物，蜥脚类恐龙进食时总是“狼吞虎咽”、从不咀嚼。尽管咀嚼在消化过程中作用巨大，但因比较费时，大个子恐龙不得不放弃“细嚼慢咽”以保证每天有足够的进食量。

恐龙依靠胃石磨碎食物，帮助消化。

胃石是什么？

胃石是动物吃东西时一起吞下去的石头，它可以帮助动物磨碎食物，有利于消化。有些动物的牙齿构造比较简单，没有碾磨功能，所以吞进的食物不易消化，特别是那些食量惊人的恐龙，就得依靠胃石去磨碎食物，帮助消化了。

恐龙的胃石有什么作用？

恐龙在进食时，同时会吃进一些大小不一的石头，并且保持在嗉囊和砂囊里。囊壁会进行收缩运动，使石头对食物反复进行挤压、摩擦，最终把食物磨得粉碎。经过充分研磨后的食物在肠里消化分解，营养物质被肠壁吸收，食物残渣则形成粪便排出体外。

恐龙的运动姿态是怎样的？

四足行走的恐龙，运动姿态与大象、牛、马没有多大区别。两足行走的恐龙则与鸵鸟等鸟类走路相似，它们的四肢（或两肢）在运动时与地面垂直，而且收拢在身躯下方。此外，恐龙可以在水里游泳，翼龙还可以在天空滑翔。

角冠龙

 群居在一起的恐龙

恐龙是群居的吗？

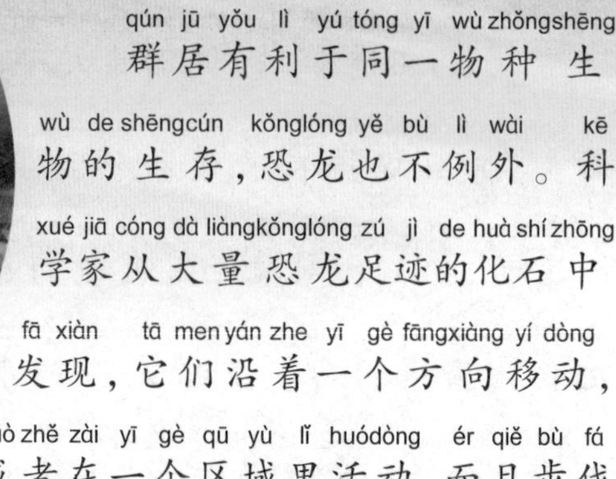

群居有利于同一物种生物的生存，恐龙也不例外。科学家从大量恐龙足迹的化石中发现，它们沿着一个方向移动，或者在一个区域里活动，而且步伐均匀，这些都证明它们是群居的。

哪些恐龙常单独活动？

大型的肉食性恐龙，如霸王龙、异特龙、永川龙等，性情暴烈，力气很大，足以称王称霸，就像今天的老虎和狮子一样，比较喜欢独来独往，或者以小家庭为单位进行活动。剑龙的化石常单个被发现，所以剑龙也可能是喜欢独居的孤僻恐龙。

恐龙也有“夜猫子”吗？

当然有了！美国研究人员通过分析研究来自33种恐龙的化石，发现恐龙有白天和夜间活动的区别，翼龙等飞行动物大多在白天活动，而食肉恐龙则大多在夜间活动。

群居生活对素食性恐龙有什么意义？

群居生活对素食性恐龙而言可以更好地抵御外敌侵害，有利于幼小恐龙的成长，这对物种的正常延续都是十分必要的。同时，群体之间还要面临争夺食物、夺取领地等事件，一个群体成员团结起来，才能与别的群体进行抗衡。

群居生活可以更好地抵御外敌侵害

kǒng lóng shì zěn me qiú ǒu de
恐龙是怎么求偶的？

yā zuǐ lóng lèi de kǒnglóng kě néng shì kào yuè qì lái xī yǐn cí
鸭嘴龙类的恐龙可能是靠“乐器”来吸引雌
lóng zhǒng tóu lóng lèi zé kě néng bǐ jiào cū lǔ zhuāng jiǎ dài cì de nǎo dài
龙，肿头龙类则可能比较粗鲁，装甲带刺的脑袋
lái hù ōu yǐ zhēngduó yì xìng jiǎo lóng lèi tā menyīng gāi yě xiàngzhǒng tóu
来互殴以争夺异性，角龙类它们应该也像肿头
lóng nà bān hù zhuàng huò zhě kào jiǎo hòu sè cǎi yàn lì de dùn bǎn xī yǐn
龙那般互撞，或者靠角后色彩艳丽的盾板，吸引
yì xìng de yǎn qiú dà xíng de xī jiǎo lèi kǒnglóng yě xǔ yòng dà wěi ba
异性的眼球。大型的蜥脚类恐龙，也许用大尾巴
jìn xíng qiú ài chánghào zhuàng jī biān dǎ zhè jiù shì kǒnglóng shí dài
进行求爱。长号、撞击、鞭打，这就是恐龙时代
chōngmǎnqíng qù de luó màn shǐ
充满情趣的罗曼史。

肿头龙求偶时比较粗鲁

kǒng lóng shēng dàn hái shì shēng xiǎo kǒng lóng
恐龙生蛋还是生小恐龙？

kǒnglóng shì kào shēngdàn lái fán zhí xià yī dài de cóng rén men fā
恐龙是靠生蛋来繁殖下一代的，从人们发
xiàn de dà liàng de kǒnglóng dàn huà shí jiù néng zhèngmíng
现的大量的恐龙蛋化石就能证明
zhè yī diǎn kǒnglóng dàn yǒu dà yǒu xiǎo bèi
这一点。恐龙蛋有大有小，被
mái zài hǎi biān de wēnchuáng lǐ zài
埋在海边的“温床”里，在
shì yí de wēn dù xià jīng guò fū huà hòu
适宜的温度下，经过孵化后
xiǎo kǒnglóng pò ké ér chū
小恐龙破壳而出。

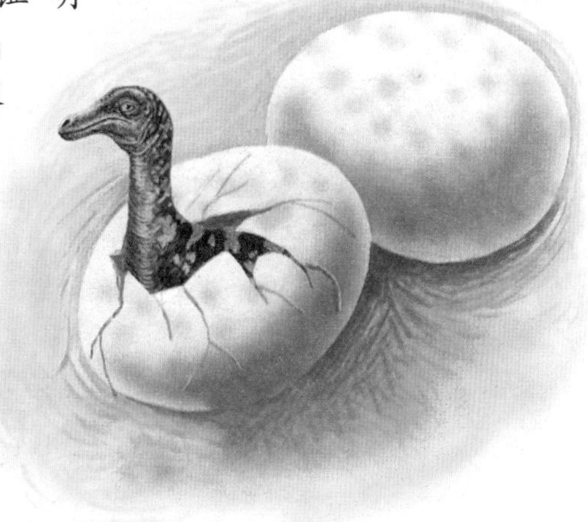

科学家认为侏罗纪的气温比较高，恐龙蛋只要被放在有树叶或土壤保温的地方就可以孵化出来。

kǒng lóng rú hé zhù cháo
恐龙如何筑巢？

kǒnglóng shì zài hǎi biān zhù cháo de dòng wù tā men huì jiāng zì jǐ de dàn chǎn zài hǎi biān
恐龙是在海边筑巢的动物，它们会将自己的蛋产在海边
de ní shā zhōng yǐ fáng bèi tōu xí hǎi biān róu ruǎn de shā zi yě huì duì dàn qǐ dào yī dìng
的泥沙中，以防被偷袭。海边柔软的沙子也会对蛋起到一定
de bǎo hù zuò yòng yī wèi jiào shòu duì mái cáng zài
的保护作用。一位教授对埋藏在
hǎi biān shā yán zhōng de kǒnglóng huà shí jìn xíng
海边砂岩中的恐龙化石进行
diào chá hòu fā xiàn zài yī kuài jiāng jìn wàn
调查后发现，在一块将近1万
lì fāng mǐ de shā yán zhōng jìng rán mái cáng yǒu
立方米的砂岩中竟然埋藏有
wàn gè kǒnglóng dàn
30万个恐龙蛋。

恐龙埋藏自己的蛋

 恐龙蛋有什么特点？

恐龙蛋的形状形形色色、五花八门，卵圆、扁圆、椭圆和橄榄状的都有，少数恐龙蛋长溜溜的，像玉米棒子似的。恐龙蛋属羊膜卵，外面包有一层既坚固又耐干燥的钙质外壳，壳上有许多小气孔，是供胚胎发育时呼吸空气用的“窗口”。恐龙蛋壳厚2～7毫米，是世界上最厚的蛋壳。

恐龙蛋化石

恐龙行走和奔跑的速度快吗？

食肉恐龙的行走和奔跑速度比较快，它们大多是短跑高手。就像两只脚行走的虚骨龙，身体轻，腿还很长，跑起来绝对是恐龙中的“飞毛腿”，时速能达80千米。当然，也有很多素食性恐龙，每天只吃些树叶和小草，它们不需要为了捕猎打打杀杀的，速度自然就不快了。

kǒng lóng huì hé niǎo lèi yī yàng bǔ yù yòu zǐ ma
恐龙会和鸟类一样哺育幼仔吗？

niǎo mā ma zài bǔ yù yòu niǎo shí yī zhí dāi zài wō lǐ jīng xīn zhào liào yòu dà yòu xiōng de kǒng lóng zài bǔ yù yòu zǐ shí yě bù gān shì ruò tā men shí kè hē hù zhe kǒng lóng dàn dāng xiǎo kǒng lóng chū shēng shí hái huì hǒng zhe tā men wán gèng yǒu qù de shì kǒng lóng men jū rán hái yǒu zì jǐ de yòu ér yuán xiǎo kǒng lóng měi tiān huì bèi mā ma dài dào gù dìng de dì fang wán shuǎ xué xí

鸟妈妈在哺育幼鸟时，一直呆在窝里精心照料，又大又凶的恐龙在哺育幼仔时也不甘示弱。它们时刻呵护着恐龙蛋，当小恐龙出生时，还会哄着它们玩。更有趣的是，恐龙们居然还有自己的“幼儿园”，小恐龙每天会被妈妈带到固定的地方玩耍、学习。

小恐龙跟妈妈在一起

ròu shí xìng kǒng lóng rú hé yù yòu zǐ
肉食性恐龙如何育幼仔？

霸王龙哺育刚出壳的宝宝

sù shí xìngkǒnglóng mā ma
素食性恐龙妈妈

néng xī xīn zhào gù bǎo bao ér
能悉心照顾宝宝，而

xiōngcán de ròu shí xìngkǒnglóng
凶残的肉食性恐龙

kě jiù méi zhè ge nài xīn le
可就没这个耐心了，

tā men zhǐ zài kǒnglóng bǎo bao hěn
它们只在恐龙宝宝很

xiǎo de shí hou bǔ yù ér xiǎokǒnglóng yī dànzhǎng dà yī diǎn jiù lì mǎ
小的时候哺育，而小恐龙一旦长大一点，就立马

huì bèi yāo qiú zì lì gēngshēng yú shì xiǎokǒnglóng zhǐ néng lí kāi bà ba
会被要求自力更生。于是，小恐龙只能离开爸爸

mā ma dú zì dào wàimiàn dǎ pīn
妈妈，独自到外面打拼。

ròu shí kǒng lóng néng kuài sù bēn pǎo ma
肉食恐龙能快速奔跑吗？

肉食恐龙有快速奔跑的本领，使这类恐龙比别的动物占优势一是追捕猎物；一是逃避敌人攻击。

ròu shí xìngkǒnglóng měi tiān dōu zài sēn
肉食性恐龙每天都在森

lín lǐ shòu liè lái tián bǎo dù zi dāng liè
林里狩猎，来填饱肚子。当猎

wù chūxiàn shí kǒnglóng jiù huì shǎndiànbān de
物出现时，恐龙就会闪电般地

chōngguò qù zhuāzhù tā zhèyàngmǐn jié de
冲过去抓住它。这样敏捷的

shēnshǒu shì ròu shí xìngkǒnglóngcháng qī xùn
身手，是肉食性恐龙长期训

liàn hé jìn huà lái de
练和进化来的。

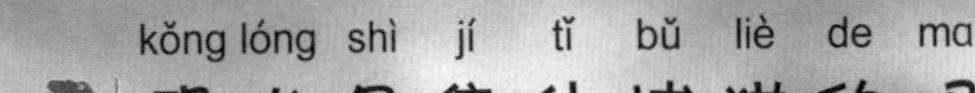

kǒng lóng shì jí tǐ bǔ liè de ma
恐龙是集体捕猎的吗？

yī xiǎng dào měi tiān gū líng líng de yī gè qù zhǎo chī de lǐng tǔ hái yǒu kě néng bèi zhàn lǐng kǒng lóng men jiù hěn zháo jí ér cōng míng de tā men zì yǒu miào zhāo nà jiù shì yī dà qún kǒng lóng shēng huó zài yī qǐ tā men yī bù fen kān jiā yī bù fen qù dǎ liè zhè yàng bù dàn néng bǔ dào gèng duō de liè wù hái lì yú zhǒng zú de fán yǎn hé fā zhǎn

一想到每天孤零零的一个去找吃的，领土还有可能被占领，恐龙们就很着急，而聪明的它们自有妙招，那就是一大群恐龙生活在一起。它们一部分看家，一部分去打猎。这样不但能捕到更多的猎物，还利于种族的繁衍和发展。

dà xíng ròu shí xìng kǒng lóng zěn yàng bǔ shí
大型肉食性恐龙怎样捕食？

dà xíng ròu shí xìng kǒng lóng zhàng zhe zì jǐ gè zi dà shēn tǐ qiáng zhuàng jí biàn dān dú huó dòng yě néng bǔ shí dào dà xíng de sù shí xìng kǒng lóng bǐ rú bà wáng lóng jiù cǎi qǔ fú jī de bàn fǎ zài liè wù jīng cháng chū mò de dì fang yǐn cáng qǐ lái chǒu zhǔn jī huì tū rán cuàn chū yòng shēn tǐ jiāng liè wù pū dǎo zhì yú sǐ dì hòu zhāng kāi bù mǎn bǐ shǒu zhuàng yá chǐ de xuè pén dà kǒu měi zī zī de chī qǐ lái

大型肉食性恐龙仗着自己个子大、身体强壮，即便单独活动，也能捕食到大型的素食性恐龙。比如霸王龙就采取伏击的办法，在猎物经常出没的地方隐藏起来，瞅准机会突然窜出，用身体将猎物扑倒置于死地后，张开布满匕首状牙齿的血盆大口美滋滋地吃起来。

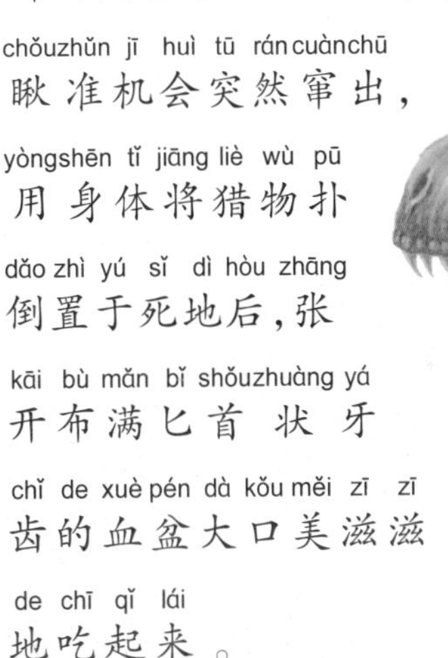

最大的陆生肉食动物——凶狠残暴的霸王龙，人们曾称霸王龙为“暴君蜥蜴”。

sù shí kǒng lóng shì rú hé duǒ bì zhuī bǔ de
素食恐龙是如何躲避追捕的？

zài ròu shí kǒnglóng de tǒng zhì xià nà xiē chī sù de kǒnglóng nán táo
在肉食恐龙的统治下，那些吃素的恐龙难逃
bèi zhuī bǔ de mìngyùn tā men zhǐ hǎo zì jǐ zuānyán jìn huà chū shǔ yú
被追捕的命运。它们只好自己钻研，进化出属于
zì jǐ de fáng yù wǔ qì sù shí kǒnglóng zhōng tóu bù yǒu jiǎo zhuàng wù
自己的防御武器。素食恐龙中头部有角状物、
bèi bù zhǎng yǒu hòu hòu lín jiǎ de yī lèi zài yù dào wēi xiǎn shí huì yòng zhè
背部长有厚厚鳞甲的一类，在遇到危险时会用这
xiē zhuāng bèi dǐ yù dí rén de gōng jī duì yú nà xiē méi yǒu fáng yù
些“装备”抵御敌人的攻击。对于那些没有防御
wǔ qì de kǒnglóng lái shuō zhǐ yǒu yī gè fāng fǎ yǒu xiào táo pǎo
武器的恐龙来说，只有一个方法有效——逃跑。

素食恐龙

kǒng lóng zěn yàng fēn pèi shí wù
恐龙怎样分配食物？

高个子的恐龙可以吃高一点的地方的树叶

kǒnglóng duì shí wù de fēn pèi shì
恐龙对食物的分配是
yǒu jiǎng jiū de bǐ rú shuō sù shí xìng
有讲究的。比如说素食性
kǒnglóng kāi fàn de shí hou dà jiā jiù huì
恐龙开饭的时候，大家就会
zì jué àn zhào shēn gāo pái hǎo duì gè zi
自觉按照身高排好队：个子
gāo de chī shù shang gāo yī diǎn de dì
高的，吃树上高一点的地
fang de shù yè gè zi dī de chī dī
方的树叶；个子低的，吃低
yī diǎn de shù yè
一点的树叶。

kǒng lóng rú hé hū xī
恐龙如何呼吸？

kǒnglóng de fèi bù xiàng niǎo lèi nà yàng yōngyǒu yī gè qì náng zhuàng de
恐龙的肺部像鸟类那样拥有一个气囊状的
hū xī xì tǒng gāi xì tǒng kě yǐ xiàng qí fèi bù xī qì dāng kǒnglóng xī
呼吸系统，该系统可以向其肺部吸气。当恐龙吸
rù yǎng qì de shí hou tā de tǐ nèi chōngmǎn kōng qì lì yú xùnměng bǔ shí
入氧气的时候，它的体内充满空气，利于迅猛捕食。

kǒng lóng huì jǔ jué ma

恐龙会咀嚼吗？

bù guǎn ròu shí kǒng lóng hái shì sù shí kǒng lóng dōu yǒu yī gè gòng
不管肉食恐龙，还是素食恐龙，都有一个共

tóng tè diǎn chī jìn zuǐ lǐ de dōng
同特点：吃进嘴里的东

xi dōu bù zěn me jǔ jué hěn
西都不怎么咀嚼。很

duō sù shí xìng kǒng lóng jiāng shí wù
多素食性恐龙将食物

chī jìn zuǐ lǐ jiù zhí jiē tūn yàn
吃进嘴里就直接吞咽

le wán quán bù jǔ jué ròu shí
了，完全不咀嚼。肉食

xìng kǒng lóng shāo wēi hǎo yī diǎn měi cì chī liè wù yě jiù xī li hú tú de
性恐龙稍微好一点，每次吃猎物也就稀里糊涂地

yàn xià qù le
咽下去了。

恐龙

恐龙吃食物

kǒng lóng xū yào qiān xǐ ma

恐龙需要迁徙吗？

kǒnglóng zài yī nián zhī nèi
恐龙在一年之内
yào zài nán běi zhī jiān lái huí qiān xǐ
要在南北之间来回迁徙，
shèn zhì yǒu xiē kǒnglóng hái zài gè dà lù bǎn kuài
甚至有些恐龙还在各大陆版块
zhī jiān qiān xǐ yīn wèi tóng yī gè dì fang zài bù tóng de
之间迁徙。因为同一个地方在不同的
jì jié shí wù liàng bù tóng yīn cǐ tā men jiù xū yào xiàng xiàn zài fēi zhōu
季节食物量不同，因此它们就需要像现在非洲
cǎo yuán shang yī xiē cǎo shí xìng de dòng wù yī yàng qiān xǐ dào chōng mǎn shí
草原上一些草食性的动物一样，迁徙到充满食
wù de dì fang qù yǐ bǎo zhèng bù huì è dù zi
物的地方去以保证不会饿肚子。

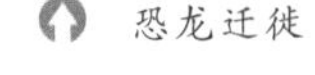
恐龙迁徙

yán rè de xià jì kǒng lóng rú hé sàn rè

炎热的夏季恐龙如何散热？

yán rè de xià tiān kǒnglóng huì chōng fèn kāi dòng nǎo jīn lì yòng zì
炎热的夏天，恐龙会充分开动脑筋，利用自
jǐ shēnbiān de gè zhǒng yǒu lì tiáo jiàn lái sàn rè qū shǔ lù dì shang de
己身边的各种有利条件来散热祛暑。陆地上的
kǒnglóng rè de shòu bù liǎo le jiù huì pǎo dào dà shù xià mian huò zhě dài
恐龙热得受不了了，就会跑到大树下面，或者待
zài sēn lín lǐ yīn liáng de dì fang
在森林里阴凉的地方
shuì dà jiào ér kào jìn shuǐ de
睡大觉。而靠近水的
kǒnglóng zé huì bǎ zì jǐ jìn zài
恐龙则会把自己浸在
shuǐ lǐ pào zǎo lái nà liáng
水里泡澡来纳凉。

恐龙浸在水里泡澡来纳凉

kǒng lóng rú hé yù hán

 恐龙如何御寒？

dōngtiān dào le nà xiē húnshēnguāng tū tū de kǒnglóng jiù huì lěng
冬天到了，那些浑身光秃秃的恐龙就会冷
de shòu bù liǎo yǒu yī bù fen kǒnglóng kāi shǐ wā dòng rán hòucáng jìn qù
得受不了，有一部分恐龙开始挖洞，然后藏进去
yù hán yǒu shí huì shí bù shí de
御寒，有时会时不时地
qù dòng wài zhǎo chī de hái yǒu
去洞外找吃的。还有
yī xiē kǒnglóng běnshēn jiù zhǎng
一些恐龙，本身就长
yǒu hòuhòu de yǔ máo dōngtiān zhèng
有厚厚的羽毛，冬天正
hǎo kě yǐ yòng lái dǐ yù hán lěng
好可以用来抵御寒冷，
kě yǐ shuō shì xiān tiān yǒu yōu shì
可以说是先天有优势。

为了御寒，恐龙要到外面寻找食物。

kǒng lóng huì fēn mì dú yè ma

恐龙会分泌毒液吗？

huì de yīn wèi yī xiē xiǎo xíng kǒnglóng shí
会的，因为一些小型恐龙时
kè yǒu bèi dà xíng kǒnglóng bǔ shí de kě néng dāng
刻有被大型恐龙捕食的可能，当
tā menshòudào dà kǒnglónggōng jī shí huì chèn dí
它们受到大恐龙攻击时，会趁敌
rén bù zhù yì pēn chū dú yè zhì shǐ duì fāngshēn
人不注意喷出毒液，致使对方身
wáng zuì lì hai de xià dú gāoshǒu mò guò yú qiān
亡。最厉害的下毒高手莫过于千
xǐ zhōngguó niǎolóng le tā fēn mì qǐ dú yè lái
禧中国鸟龙了，它分泌起毒液来，
yī bān de kǒnglóng kě shì zhāo jià bù zhù de
一般的恐龙可是招架不住的。

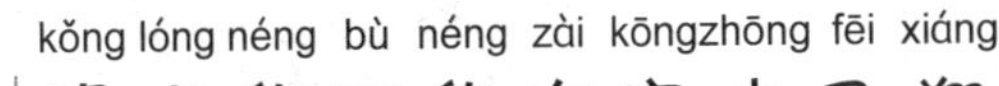

kǒng lóng néng bù néng zài kōngzhōng fēi xiáng

恐龙能不能在空中飞翔？

zuò wéi dì qiú bà zhǔ kǒnglóng kě yǐ zài dì shangpǎo zì rán yě
作为地球霸主，恐龙可以在地上跑，自然也
néng zài tiānshang fēi néng fēi de kǒnglóng dōuzhǎngzhe yī duì chángcháng
能在天上飞。“能飞”的恐龙都长着一对长长
de chìbǎng hǎoxiàngyòngshuāngshǒuchēng qǐ jù dà de chìbǎng shēn tǐ jié
的翅膀，好像用双手撑起巨大的翅膀，身体结
gòu yǒu diǎnxiàng jīn tiān de biān fú zhǐ bù guò tā men de fēi xiáng jì shù
构有点像今天的蝙蝠。只不过它们的飞翔技术
bù zěn me yàng zhǐ shì xiān pá dào gāo chù zhāng kāi jù dà de shuāng chì
不怎么样，只是先爬到高处，张开巨大的双翅，
jiè zhùshàngshēng qì liú shǐ zì jǐ zài kōngzhōnghuáxiáng
借助上升气流，使自己在空中滑翔。

翼龙

恐龙会游泳吗？

虽然恐龙不喜欢在水中栖息，也不具有像河马那样半水生的能力，但是大部分恐龙都是会游泳的。有些素食性恐龙在遇到危险时会主动逃向湖泊或河流中，但肉食恐龙也是游泳高手，有时候还会兴致勃勃地钻进水里继续追捕它们。

恐龙能跑多快？

恐龙一生都在奔跑，弱小的要逃命、强大的要捕食，所以它们都是善于奔跑的。它们的奔跑速度比正常情况下人的奔跑速度快得多，相当于百米跑运动员那么快的速度，而一些个头比较小的两足恐龙时速能够达到60多千米。

奔跑的恐龙

kǒng lóng huì wā dòng ma
恐龙会挖洞吗？

kǒnglóng huì zài yuèdōng shí wā gè dòngzhù jìn qù yù hán tā men
恐龙会在越冬时挖个洞住进去御寒。它们
huì zài dòng lǐ duī mǎn gān shù yè yī lèi de dōng xi hǎo ràng zì jǐ zhù zhe
会在洞里堆满干树叶一类的东西，好让自己住着
bǐ jiào nuǎnhuo chángcháng de suì dào tōngxiàng dòngxué zuì shēnchù shì kǒng
比较暖和。长长的隧道通向洞穴最深处，是恐
lóng zhēnzhèng xiū xi de dì fang le zhè zhǒng dòngxué kàn qǐ lái hé xiàn
龙真正休息的地方了。这种洞穴看起来和现
zài de yī zhǒng tǔ láng wā de dòngxué hěnxiàng
在的一种土狼挖的洞穴很像。

在洞口休息的恐龙

小型恐龙靠什么来生存？

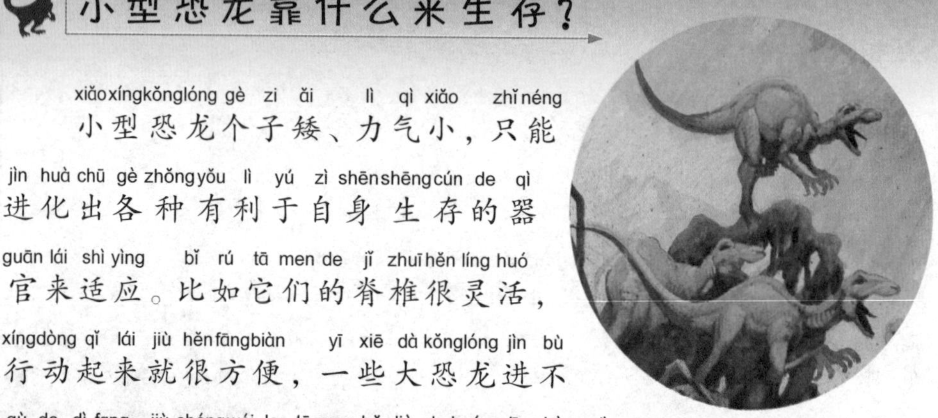

小型恐龙个子矮、力气小，只能进化出各种有利于自身生存的器官来适应。比如它们的脊椎很灵活，行动起来就很方便，一些大恐龙进不去的地方，就成为了它们捕猎的黄金圣地。

小型恐龙

恐龙的智商高吗？

恐龙们会打洞，会奔跑，会御寒防暑，还知道集体生活好处多多，还会把恐龙蛋埋进柔软的沙子里防止日晒雨淋虫蛀，它们吃食物时吞进的“胃石”还可以帮助它们很好地消化食物，利于吸收，这些事实都充分证明了恐龙的高智商。

wèi shén me shuō yǒu de kǒng lóng yǒu liǎng gè nǎo zi

为什么说有的恐龙有两个脑子？

méi cuò mǎ mén xī lóng léi lóng liánglóng jiù shì zhè lèi kǒnglóng
没错，马门溪龙、雷龙、梁龙就是这类恐龙。
yǐ mǎ mén xī lóng wéi lì tā de tǐ zhòngyǒu sì wǔ shí dūn dàn nǎo zi
以马门溪龙为例，它的体重有四五十吨，但脑子
de zhì liàng jǐn yǒu kè zuǒ yòu yuán lái zài tā de tún bù jǐ zhuī
的质量仅有500克左右。原来，在它的臀部脊椎
shang yǒu yī gè shénjīng xì tǒng jiào zuò hòu nǎo zhèng shì zhè ge dōng xi
上，有一个神经系统叫做“后脑”，正是这个东西
de cún zài cái ràng tā nénggòu zhèngcháng de jìn xíng gè zhǒng huódòng
的存在，才让它能够正常的进行各种活动。

kǒng lóng lěng xuè hái shì rè xuè

恐龙冷血还是热血？

kǒnglóng xíngdòng mǐn jié jù yǒu jiào qiáng de huódòng néng lì zhè
恐龙行动敏捷，具有较强的活动能力。这
zhǒng zhàn lì hé kuài sù yùndòng yào xiāo hào bǐ pá xíng hé huǎnmàn yùndòng gèng
种站立和快速运动要消耗比爬行和缓慢运动更
duō de néngliàng zhè jiù xū yào yóu kuài sù de xīn chén dài xiè shì fàng chū
多的能量。这就需要由快速的新陈代谢释放出
de dà liàng néngliàng lái bǔ chōng ér kuài sù de xīn chén dài xiè bì rán bàn suí
的大量能量来补充，而快速的新陈代谢必然伴随
zhe gāo ér héngdìng de tǐ wēn suǒ yǐ tuī cè mǒu xiē kǒnglóng shì rè xuè
着高而恒定的体温。所以推测某些恐龙是热血
dòng wù bù wú dào lǐ
动物不无道理。

恐龙站立和快速运动要消耗能量

suǒ yǒu kǒng lóng de gè tóu dōu hěn dà ma
所有恐龙的个头都很大吗？

kǒnglóngzhǒng lèi fán duō xíngzhuàng dà xiǎo gè yì mù
恐龙种类繁多，形状大小各异，目

qián suǒ zhī kǒnglóngwángguó lǐ de jù rén shì mǎ mén
前所知，恐龙王国里的“巨人”是马门

xī lóng le tā de shēnchángyuē mǐ gāo yuē
溪龙了，它的身长约30米、高约10

mǐ tǐ zhòngyuē dūn zuì xiǎo de zhū
米、体重约50吨。最小的“侏

rú kǒnglóng shì xiù hé lóng cóngtóu dào
儒”恐龙是秀颌龙，从头到

wěi zhǐ yǒu lí mǐ cháng
尾只有75厘米长。

秀颌龙

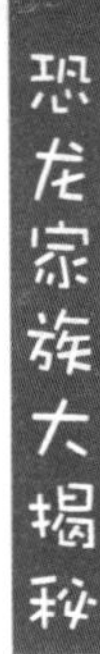

kǒng lóng gè tóu wèi shén me rú cǐ páng dà

恐龙个头为什么如此庞大？

zhè shì yīn wèi kǒng lóng yǒu yī tào tè shū de shēng
这是因为恐龙有一套特殊的生
zhǎng mó shì gēn rén lèi de shēngzhǎng fā yù wánquán
长模式，跟人类的生长发育完全
bù tóng kǒnglóngmen kě yǐ zhōngshēngshēngzhǎng
不同，恐龙们可以终生生长。
yě jiù shì shuō cóng fū huà chū lái de nà
也就是说从孵化出来的那
yī kè yī zhí dào sǐ wáng kǒnglóng yī
一刻，一直到死亡，恐龙一
zhí zài bù jiàn duàn de shēngzhǎng jìn ér zào jiù le
直在不间断地生长，进而造就了
kǒnglóng páng dà de gè tóu
恐龙庞大的个头。

恐龙庞大的个头

wèi shén me kǒng lóng gè tóu xiāng chà hěn dà

为什么恐龙个头相差很大？

shēng wù de tǐ xíng dà xiǎo xíng tài jié gòu
生物的体型大小、形态结构
hé shēng lǐ tè diǎn shì yóu yí chuán wù zhì jī yīn
和生理特点是由遗传物质（基因）
kòng zhì de hòu tiān shēngzhǎng de huánjìng tiáo jiàn qǐ
控制的，后天生长的环境条件起
zhe fǔ zhù de zuòyòng yóu yú kǒnglóng shì yī dà lèi pá xíngdòng
着辅助的作用。由于恐龙是一大类爬行动
wù zhǒng lèi fán duō bù tóng de kǒnglóng zhǒng lèi yóu yú yí chuán
物，种类繁多，不同的恐龙种类由于遗传
jī yīn bù tóng shēnghuó de huánjìng yě gè yǒu bù tóng zuì zhōng
基因不同，生活的环境也各有不同，最终
biǎo xiàn chū lái de shēng wù xìngzhuàng jiù bù yī yàng zì rán jiù
表现出来的生物性状就不一样，自然就
yǒu dà yǒu xiǎo xíng tài gè yì le
有大有小，形态各异了。

kǒng lóng tǐ xíng de dà xiǎo duì yú zì shēn yǒu shén me yōu liè
恐龙体形的大小对于自身有什么优劣？

kǒnglóng de tǐ xíng dà xiǎo duì tā men lái shuō yǒu lì yǒu bì xiǎo
恐龙的体型大小对它们来说有利有弊。小

tǐ xíng de kǒnglóng zài yù dào wēi xiǎn shí huì lì yòng zì jǐ de shēn tǐ
体型的恐龙在遇到危险时，会利用自己的“身体

yōu shì zuān jìn guàn mù cóngzhōng duǒ bì dí rén de zhuī gǎn ér dà gè zi
优势”钻进灌木丛中，躲避敌人的追赶；而大个子

de kǒnglóng zé zài bǔ shí hé fáng yù fāngmiàn gèng yǒu yōu shì
的恐龙则在捕食和防御方面更有优势。

kǒng lóng wèi shén me zhǎng zhe xiàng niǎo yī yàng de huì
恐龙为什么长着像鸟一样的喙？

bái è jì wǎn qī yǒu yī xiē kǒnglóng de zuǐ fā shēng le yǒu qù de
白垩纪晚期，有一些恐龙的嘴发生了有趣的

biàn huà zuǐ shang zhǎng chū le xiàng niǎo yī yàng de huì kǒnglóng zuǐ de
变化，嘴上长出了像鸟一样的“喙”。恐龙嘴的

biàn huà jiù shì duì huánjìng de yī zhǒng shì yìng yǔ tā men chī de shí wù
变化，就是对环境的一种适应，与它们吃的食物

yǒuguān zhè lèi kǒnglóng huì lì yòng zhè xiē huì yī yàng de zuǐ jìn shí bǐ
有关。这类恐龙会利用这些喙一样的嘴进食。比

rú shuō yā zuǐ lóng bèi zǐ zhí wù jiù shì tā men de zuì ài
如说鸭嘴龙，被子植物就是它们的最爱。

鸭嘴龙

恐龙的角可以抵御外敌

kǒng lóng wèi shén me zhǎng yǒu jí cì hé jiǎo
恐龙为什么长有棘刺和角？

zhè shì duì huánjìng shì yìng de biǎoxiàn yóu yú zhè xiē jí cì hěn xì ér qiě yì sǔn kàn
这是对环境适应的表现。由于这些棘刺很细而且易损，看
qǐ lái bù yí yòng yú fáng yù biàn yǒu rén rèn wéi zhè xiē jí cì lǐ miàn hái yǒu jié gòu tā yǒu
起来不宜用于防御，便有人认为这些棘刺里面还有结构，它有
kě néng shì duì zhe tài yáng lái jiā rè xuè yè duì zhe fēng lái shì fàng rè liàng de ér kǒnglóng jiǎo
可能是对着太阳来加热血液，对着风来释放热量的。而恐龙角
zé shì duō shù kǒnglóng dōu yǒu de chú le kàn qǐ lái piàoliang wài zuì dà de gōngnéng dāngrán shì
则是多数恐龙都有的，除了看起来漂亮外，最大的功能当然是
dǐ yù dí rén rù qīn le
抵御敌人入侵了。

kǒng lóng de bó zi yǒu shén me zuò yòng
恐龙的脖子有什么作用？

kǒnglóng dà dōu yǒu yī gè cháng bó zi dàn zhè
恐龙大都有一个长脖子，但这
bù shì yòng lái huò qǔ gāo chù shí wù de shì shí
不是用来获取高处食物的。事实
shang tā men yě hěn nán xiàng chángjǐng lù nà yàng jìn shí
上它们也很难像长颈鹿那样进食，
chōng qí liàng zhǐ néng dī zhe tóu chī cǎo jīng yán jiū biǎo
充其量只能低着头吃草，经研究表
míng kǒnglóng de cháng bó zi shì bǎozhèng kǒnglóng chōng zú de hū xī de
明，恐龙的长脖子是保证恐龙充足的呼吸的。

低着头吃草的腕龙

kǒng lóng de shì lì hǎo bù hǎo

恐龙的视力好不好？

ròu shí kǒnglóngmen měi tiān yào qián fú zài yǐn bì chù lái bǔ liè shì
肉食恐龙们每天要潜伏在隐蔽处来捕猎，视
lì dāng rán yào hǎo le sù shí kǒnglóng yě bù shì ruò yīn wèi tā men jì
力当然要好了。素食恐龙也不示弱，因为它们既
méi yǒu fángshēn de wǔ qì yòu yào dī fáng bà wánglóng shì lì hǎo cái néng jí
没有防身的武器，又要提防霸王龙，视力好才能及
shí fā xiàn dí qíng yǐ biàn xùn sù táo mìng ér kǒnglóng jiā zú zhōng de jiàn
时发现敌情，以便迅速逃命，而恐龙家族中的剑
lóng hé jiǎ lóng shì lì hěn chà dà gài kě yǐ suàn shì kǒnglóng jiā zú de jìn
龙和甲龙视力很差，大概可以算是恐龙家族的“近
shì yǎn le
视眼”了。

甲龙

恐龙的鼻子长什么样？

恐龙脑袋后面，有一个小小的角一样的结构。同时，眼睛附近也有一个较大的突起结构。

恐龙的鼻子

虽然看起来很丑，但它们连起来构成了恐龙的鼻子。还有一些恐龙的鼻子长在头顶上，长长的真吓人。

恐龙的鼻子为什么特别大？

有鼻子的恐龙都有一个共同点，那就是鼻子很大，恐龙鼻孔的面积居然能占整个脑袋的一半。那这样庞大的鼻子究竟有何用处呢？原来，这样的结构更有利于恐龙的呼吸以及散热，从而使恐龙在炎热的环境中呼吸顺畅、头脑清醒。

恐龙的鼻子有利于呼吸以及散热

kǒng lóng de xiù jué líng mǐn ma

恐龙的嗅觉灵敏吗？

kǒnglóng de xiù jué dāngrán líng mǐn le zhèng shì yīn wèi zhè yī tè
恐龙的嗅觉当然灵敏了，正是因为这一特
zhì cái yǒu le hěn duō yǐ fǔ ròu wéi shí de kǒnglóng měidāng tā menshēng
质，才有了很多以腐肉为食的恐龙。每当它们生
bìng le huò zhě nián lǎo tǐ mài de shí hou bǔ shínéng lì hé sù dù huì dà
病了或者年老体迈的时候，捕食能力和速度会大
dà xià jiàng yǒu shí hou hái kě néngshāng hài dào zì jǐ wèi le hǎo hǎo liáo
大下降，有时候还可能伤害到自己。为了好好疗
yǎng kǒnglóngmen jiù yǐ fǔ ròu wéi shí le yuǎnyuǎn de wén jiàn fǔ ròu de
养，恐龙们就以腐肉为食了。远远地闻见腐肉的
wèi dào zài pǎo guò qù kěn dìngnéng jié yuē bù shǎo shí jiān ne
味道，再跑过去，肯定能节约不少时间呢。

嗅觉在恐龙捕食的过程中起到了重要的作用，而且恐龙家族内部的嗅觉差异也很大。

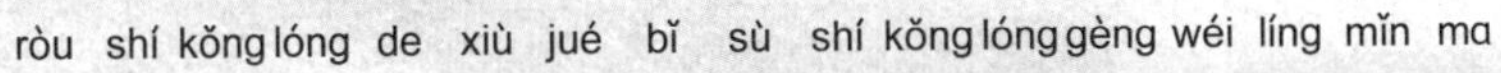

肉食恐龙的嗅觉比素食恐龙更为灵敏吗？

素食恐龙们依靠嗅觉来辨别树种，挑拣食物，肉食恐龙当然也会这样做，而且，它们的嗅觉可能比素食恐龙更好。不说发现腐肉时的速度，单就平时捕猎，也能深刻体现这一点，在捕获猎物过程中只有嗅觉灵敏了，才能辨别更清楚，准确率更高，得到更多的食物。

肉食恐龙的嗅觉比较灵敏

恐龙的牙齿是什么形状的？

当恐龙捕获到猎物，张开大嘴准备享用时，就会露出锋利的牙齿。这些牙齿有的像勺子、有的像木棒，还有的长得像叶子、匕首。有趣的是，一条恐龙的牙齿磨损了，长出的新牙齿也还是原来的形状。

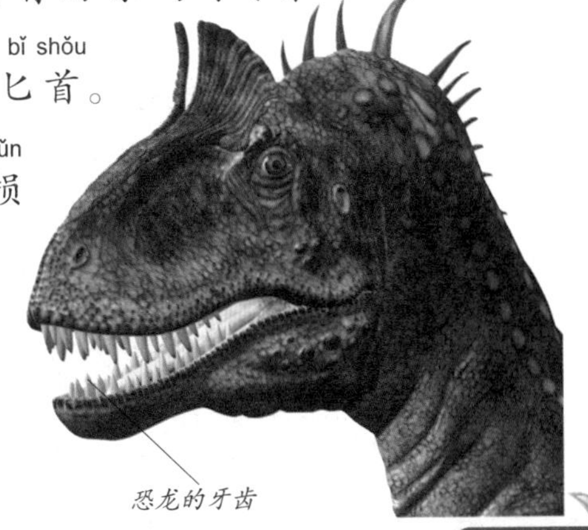

恐龙的牙齿

恐龙皮肤是色彩斑斓的吗？

我们在科幻影片中，看到的恐龙多半是棕褐色。其实，恐龙中还是有一些漂亮种类的。科学家们在热河生物群里发现一种恐龙，它们身上有鸟类一样的羽毛，而且还是很多种颜色的混搭，看起来色彩斑斓，十分漂亮。

恐龙

恐龙有警戒色吗？

变色龙的身体会在危急的情况下变色，这时的颜色就称为警戒色。有一些小型恐龙，会用自己的警戒色告诫凶残的大恐龙不要轻易侵犯。盛气凌人的大恐龙想要捕食它们时，就需要三思而后行。

恐龙皮肤是什么样子的？

粗糙的褐色皮肤，覆盖着鳞片，显得凸凹不平，这就是大部分恐龙皮肤的样子，博不了人们半丝的好感。尤其像梁龙、雷龙这样的大家伙，灰暗的皮肤从头到尾都是疙疙瘩瘩的，真是恐怖。但是那些变色龙就不一样了，它们为了保护自己，能变成和周围树叶一样的颜色，不仔细分辨，还是难以看清。

恐龙的爪子

恐龙的爪子有什么作用？

植食性恐龙用爪子扒着地，下雨天防滑，偶尔还用它来抓取食物。最厉害的是禽龙的前爪有特化的钉刺，还用来防御敌人。肉食类恐龙当然要让爪子参与战斗了，它们撕、抓、咬都要靠爪子来帮忙，甚至在享用美食时，用爪子固定着食物，非常方便。

锋利的爪子

kǒng lóng de wěi ba yǒu shén me zuò yòng
恐龙的尾巴有什么作用？

kǒnglóng jù dà de shēn qū hòumiàn chángtuō zhe yī tiáo yòu
恐龙巨大的身躯后面，常拖着一条又
cū yòucháng de wěi ba xiǎn dé yōngzhǒngyòu nán kàn dàn zhè tiáo
粗又长的尾巴，显得臃肿又难看。但这条
wěi ba de zuòyònghěn dà tā kě yǐ chōngdāngkǒnglóng de dì sān tiáo
尾巴的作用很大，它可以充当恐龙的“第三条
tuǐ qǐ dào bǎo chí kǒnglóngshēn tǐ pínghéng de zuòyòng yǒu de kǒnglóng
腿”，起到保持恐龙身体平衡的作用，有的恐龙
hái yòngwěi ba zuò wéi fáng yù dí rén de wǔ qì
还用尾巴作为防御敌人的武器。

恐龙的尾巴可以防御敌人

kǒng lóng de máo yǒu shén me zuò yòng
恐龙的毛有什么作用？

kǒnglóngshēnshang de yǔ máo zuì chū zhǐ
恐龙身上的羽毛最初只
shì yī zhǒngshēn tǐ de jié gòu bìng wú dà de yòng tú jiàn jiàn de kǒng
是一种身体的结构，并无大的用途，渐渐地，恐
lóng zì jǐ fā xiàn zhèzhǒnggòu zào kě yǐ bǎonuǎn yú shì bǎo liú xià lái jì
龙自己发现这种构造可以保暖，于是保留下来继
xù yǎn huà hòu lái zhú jiàn fā zhǎnchū huáxiáng zhuāng shì fēi xíngděng bié
续演化，后来逐渐发展出滑翔、装饰、飞行等别
de yòng tú yǒu xiē kǒnglóng hái lì yòng tā menpiàoliang de yǔ máo lái qiú
的用途。有些恐龙还利用它们漂亮的羽毛来求
ǒu ne
偶呢。

yǒu sì gè chì bǎng de kǒng lóng ma
有四个翅膀的恐龙吗？

yī yì duō nián qián zhōng guó de
一亿多年前，中国的
liáo xī dì qū qì hòu fēi cháng wēn nuǎn
辽西地区气候非常温暖
cháo shī yǔ shuǐ chōng zú wú lùn shì tiān kōng lù dì hái shì jiāng hé hú
潮湿，雨水充足。无论是天空、陆地还是江河湖
pō chù chù dōu yáng yì zhe shēng mìng de qì xī wù zhǒng fán duō shēng jī
泊，处处都洋溢着生命的气息，物种繁多，生机
bó bó yī zhǒng zhǎng zhe sì gè chì bǎng de kǒng lóng gù shì xiǎo dào
勃勃。一种长着四个翅膀的恐龙——顾氏小盗
lóng jiù zài zhè lǐ xìng fú de shēng huó zhe
龙就在这里幸福地生活着。

顾氏小盗龙

shén me shì sì zú kǒng lóng
什么是四足恐龙？

sì zú kǒng lóng jiù shì yòng sì zhī jiǎo xíng zǒu de kǒng lóng zài sì
四足恐龙就是用四只脚行走的恐龙。在四
zú kǒng lóng de dà jiā zú zhōng zǒu lù sù dù zuì màn de yào shǔ xī jiǎo lèi
足恐龙的大家族中，走路速度最慢的要数蜥脚类
kǒng lóng le měi xiǎo shí zuì kuài yě bù guò qiān mǐ duō yī diǎn yě yǒu
恐龙了，每小时最快也不过7千米多一点。也有
zǒu lù sù dù hěn kuài de bǐ
走路速度很快的。比
rú jiǎo lóng rú guǒ tā men
如角龙，如果它们
xìng qù lái le shǐ chū
兴趣来了，使出
zuì dà de lì měi xiǎo
最大的力，每小
shí de sù dù jìn qiān mǐ
时的速度近50千米。

角龙

kǒng lóng de kuī jiǎ yǒu shén me zuò yòng

恐龙的盔甲有什么作用？

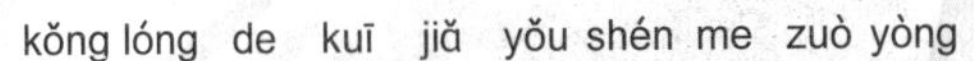

kǒnglóngzhōngyǒu yī zhǒng jiǎ lóng quánshēn pī zhe hòuzhòng de jiǎ gǔ
恐龙中有一种甲龙，全身披着厚重的甲骨
huò zhě lì cì pí fū hòu shi sì pí gé jí yǒu rèn xìng tún bù shàng
或者利刺，皮肤厚实似皮革，极有韧性，臀部上
fāng zhì wěi ba de dà bù fen shù lì zhe jiān rú bǐ shǒu de jí cì shēn tǐ
方至尾巴的大部分竖立着尖如匕首的棘刺，身体
liǎng cè yě gè yǒu yī pái jiān cì jiǎ lóng dài zhe zhèshēnxíng tou cān jiā
两侧也各有一排尖刺。甲龙带着这身行头参加
zhàndòu dà bù fen ròu shí zhě dōu bù gǎn mào rán qīn fàn kuī jiǎ gěi jiǎ
战斗，大部分肉食者都不敢贸然侵犯，盔甲给甲
lóng qǐ dào le hěn hǎo de bǎo hù zuòyòng
龙起到了很好的保护作用。

甲龙

翼手龙

恐龙怎么睡觉？

kǒng lóng zěn me shuì jiào

duì tǐ xíngpáng dà de kǒnglóng ér yán shuì jiào shì gè má fan shì
对体型庞大的恐龙而言，睡觉是个麻烦事。kǒnglóng de shuì jiào zī shì zhēn kě wèi shì qiān zī bǎi tài sì zú kǒnglóng dà
恐龙的睡觉姿势真可谓是千姿百态，四足恐龙大 duō pā zài dì shang shuì jiào bǐ rú liánglóng liǎng zú kǒnglóng bǐ jiào lì hài
多趴在地上睡觉，比如梁龙；两足恐龙比较厉害，néngzhànzhe shuì bǐ rú bà wánglóng hái yǒu yī xiē dǎo guà zài wù tǐ shang
能站着睡，比如霸王龙；还有一些倒挂在物体上 shuì jiào de bǐ rú yì shǒulóng shuǐshēng de kǒnglóng shuì jiào zī shì zé xiàng
睡觉的，比如翼手龙；水生的恐龙睡觉姿势则像 yú yī yàng hái yǒu de kǒnglóng huì zhùcháo zài cháo lǐ xiū xi
鱼一样；还有的恐龙会筑巢，在巢里休息。

恐龙

恐龙会患病吗？

kǒng lóng huì huàn bìng ma

jiù xiàng rén nán miǎn shēng bìng yī yàng kǒnglóng yě huì shēngbìng xiōngbào de
就像人难免生病一样，恐龙也会生病。凶暴的 ròu shí kǒnglóng shēngbìng le duì sù shí kǒnglóng lái jiǎng kě shì jiàn hǎo shì yīn wèi tā men jiù huì biàn de guāi hěn duō
肉食恐龙生病了对素食恐龙来讲可是件好事，因为它们就会变得乖很多，ér qiě huì xuǎn zé yī xiē lì yú bǔ huò de liè wù huò zhí jiē chī
而且会选择一些利于捕获的猎物或直接吃 fǔ ròu sù shí kǒnglóng jiù bù yòng nà me dān xīn bèi bǔ shí le
腐肉，素食恐龙就不用那么担心被捕食了。

kǒng lóng huàn bìng le zěn me bàn
恐龙患病了怎么办？

rén shēng bìng le kě yǐ qù kàn yī shēng kǒng lóng shēng bìng le kě jiù
人生病了可以去看医生，恐龙生病了可就
méi nà me xìng yùn le tā men zhǐ néng zì jǐ yìng chēng zhe rú guǒ zhǐ shì
没那么幸运了，它们只能自己硬撑着。如果只是
yī xiē xiǎo shāng xiǎo tòng jiān qiáng de kǒng lóng huì zhì zhī bù lǐ hé wǎng
一些小伤小痛，坚强的恐龙会置之不理，和往
cháng yī yàng huó yuè dàn rú guǒ shēng le dà bìng kě lián de tā men jiù zhǐ
常一样活跃，但如果生了大病，可怜的它们就只
néng jìng jìng de dāi zài nà lǐ měi tiān chī diǎn shí wù shí fēn yán zhòng de
能静静地待在那里，每天吃点食物，十分严重的
shí hou tā men zhǐ néng jìng jìng děng dài zhe sǐ wáng de jiàng lín
时候它们只能静静等待着死亡的降临。

被病魔折磨的恐龙

恐龙会做一些动作告诉对方信息

kǒng lóng zhī jiān shì rú hé jiāo liú de ne

恐龙之间是如何交流的呢？

kǒnglóng bù xiàng wǒ men rén lèi nà yàng huì shǐ
恐龙不像我们人类那样会使
yòng yǔ yán hé wén zì lái jiāo liú dàn tā men huì
用语言和文字来交流，但它们会
lì yòng yī xiē xiān yàn de yán sè lái tí shì duì fāng
利用一些鲜艳的颜色来提示对方
bǎo chí jǐng tì huò fēn mì yè tǐ lái bǎo hù zì jǐ hái huì zuò yī xiē guài yì de dòngzuò gào
保持警惕，或分泌液体来保护自己，还会做一些怪异的动作告
sù duì fāng xìn xī yǒu yī xiē kǒnglóng hái huì lì yòngshēng yīn hū jiù huò zhě gào zhī tóng lèi
诉对方信息。有一些恐龙还会利用声音呼救，或者告知同类
qián zài de wēi xiǎn
潜在的危险。

kǒng lóng xū yào dōng mián ma

恐龙需要冬眠吗？

kǒnglóng hàochēng pá xíngdòng wù zhī wáng shì fǒu yě xū yàodōngmián ne huí dá yīng
恐龙号称“爬行动物之王”，是否也需要冬眠呢？回答应
gāi shì fǒu dìng de zài kǒnglóngshēngcún de nà gè nián dài dì qiú shang de qì hòu bǐ xiàn zài
该是否定的。在恐龙生存的那个年代，地球上的气候比现在
nuǎnhuo de duō méi yǒumíngxiǎn de sì jì biàn huà zhòu
暖和得多，没有明显的四季变化、昼
yè wēn chā kǒnglóngshēnghuó zài zhè yàng yī gè huánjìng
夜温差。恐龙生活在这样一个环境
lǐ zì rán yě jiù bù xū yàodōngmián le
里，自然也就不需要冬眠了。

恐龙生活在一个温暖，而又食物充足的史前环境里，没有严寒，它们无需冬眠。

kǒng lóng de shòu mìng yǒu duō cháng
恐龙的寿命有多长？

kǒnglóng bù jǐn gè zi dà shòumìng yě hěncháng zài zhèngchángqíng
恐龙不仅个子大，寿命也很长。在正常情

kuàng xià tā men kě yǐ huó dào suì dàn shì yóu yú kǒnglóng
况下，它们可以活到100～200岁，但是由于恐龙

zhī jiān de bǔ shí yǔ bèi bǔ shí zhǒngqún zhī jiān de jìngzhēng sǐ wáng de
之间的捕食与被捕食、种群之间的竞争，死亡的

gài lǜ yě jiù dà dà zēngduō zài jiā shàngkǒnglóng yī dàn
概率也就大大增多，再加上恐龙一旦

shēngbìng jiù jī běn zhǐ néngděng sǐ suǒ yǐ yī bān tā
生病就基本只能等死，所以一般它

men yě zhǐ nénghuó dào suì zuǒ yòu
们也只能活到120岁左右。

高大的恐龙

重返三叠纪 >>>

时光机器运转到大约两亿年前，地球表面的沟壑上升为山系，陆地面积扩大，特别到了中晚期，气候由干燥转为湿热，苏铁、银杏等裸子植物迅速蔓延，沼泽和盆地之间，被大片的绿色植物覆盖。那些张牙舞爪、纵横驰骋的恐龙，就在这个时期兴盛起来。

始盗龙的名字是怎么来的？

阿根廷伊斯巨拉斯托盆地的恐龙化石

始盗龙名字的意思是“最初的小偷”。经研究发现，它行动敏捷，捕猎快速，犹如小偷在我们不经意的时候从身边快速掠过，它又是比较原始的恐龙，所以人们叫它始盗龙。

始盗龙是捕猎高手吗？

始盗龙只有像一般狗那么大的体型，但它却是凶残的食肉动物。始盗龙有锯齿状的牙齿和善于捕抓猎物的双手，有能力捕抓同它体型差不多大小的猎物。虽然无法还原当时的场景，但其轻盈矫健的身姿完全可以想象得到。

始盗龙捕猎

āi léi lā lóng zhǎng shén me yàng

埃雷拉龙长什么样？

āi léi lā lóng yòu jiào hēi ruì lóng jiù xiàng dà duō shù shí ròu kǒng lóng
埃雷拉龙又叫黑瑞龙，就像大多数食肉恐龙
yī yàng tā zhǎng zhe ruì lì de yá chǐ jù dà de zhuǎ zi hé qiáng yǒu lì
一样，它长着锐利的牙齿、巨大的爪子和强有力
de hòu zhī ér qiě tā de gǔ tou hěn qīng tè bié lì yú bēn pǎo tā
的后肢。而且，它的骨头很轻，特别利于奔跑。它
hái yǒu yī gè biǎn biǎn de cháng nǎo dài jiē shi de xià ba zhuǎ zi jiān yǒu
还有一个扁扁的长脑袋，结实的下巴，爪子间有
tán xìng de guān jié zhè yàng zhuā liè wù shí jiù néng gèng láo kào le
弹性的关节，这样抓猎物时就能更牢靠了。

埃雷拉龙是速度相当快的两足肉食性恐龙

里奥哈龙生活在哪个洲？

里奥哈龙意为“里奥哈蜥蜴”，生活在晚三叠纪的南美洲，是以阿根廷拉里奥哈省名来命名的，身长约10米，拥有笨重的身体，以及长长的颈部和尾巴，里奥哈龙的前肢和后肢的长度非常相近，这就显示它们应为四足恐龙。

南十字龙是在哪里被发现的？

在1970年，巴西南部一个州的地层里，人们发现了一个从未见过的恐龙品种，由于当时大部分恐龙都是在北半球发现的，像这样能在南半球发现恐龙的例子太少了，所以这个恐龙的命名显得意义很重大。后来人们以南十字星座命名，把它叫做南十字龙。

南十字龙是最早的恐龙之一，属于小型的兽脚类恐龙，它生活在三叠纪晚期的巴西。

cáo chǐ lóng wèi shén me zǒng shì qí tā kǒng lóng liè shā de duì xiàng
槽齿龙为什么总是其他恐龙猎杀的对象？

xiǎo xiǎo de nǎo dai cháng bó zi cháng wěi ba tǐ cháng cái mǐ zuǒ
小小的脑袋、长脖子、长尾巴，体长才2米左

yòu zhè jiù shì shòu xiǎo de cáo chǐ lóng tā men yòng sì zhī jiǎo xíng zǒu
右，这就是瘦小的槽齿龙。它们用四只脚行走，

tǐ xíng ruò xiǎo gōng jī lì chà yòu chī sù méi shén me dà běn shi zǒng shì
体型弱小、攻击力差又吃素，没什么大本事，总是

shòu jìn qī fu zài nà ge biàn bù xiōng cán de ròu
受尽欺负，在那个遍布凶残的肉

shí kǒng lóng de huán jìng
食恐龙的环境

zhōng tā zhù dìng yào
中，它注定要

bèi liè shā
被猎杀。

槽齿龙

nǐ tīng shuō guò qiāng gǔ lóng ma
你听说过腔骨龙吗？

qiāng gǔ lóng shì lái zì běi měi zhōu de yī zhǒng xiǎo xíng shuāng zú kǒng
腔骨龙是来自北美洲的一种小型双足恐

lóng gè xiǎo què hěn lì hai zhǎng zhe biāo zhǔn de shí ròu xìng kǒng lóng de yá
龙，个小却很厉害，长着标准的食肉性恐龙的牙

chǐ xiàng jiàn yī yàng bìng xiàng hòu wān
齿——像剑一样并向后弯，

yá chǐ de qián hòu biān yuán hái yǒu jù chǐ xíng
牙齿的前后边缘还有锯齿形

de cì tā de sì zhī gǔ tou shì kōng xīn de suǒ
的刺。它的四肢骨头是空心的，所

yǐ bèi rén men chēng wéi qiāng gǔ lóng yòu jiào xū xíng
以被人们称为腔骨龙，又叫虚形

lóng shì shì jiè shang yǐ zhī zuì zǎo de kǒng lóng zhī yī
龙，是世界上已知最早的恐龙之一。

腔骨龙

为什么说腔骨龙是被“冤枉”的？

腔骨龙

当年科学家们在研究腔骨龙标本时，发现它肚子里有幼龙的标本，所以以为它是个残忍的家伙，会吃比自己小的同类。但是后来的研究发现，这些所谓的幼年腔骨龙的标本其实是其他小型恐龙，这说明腔骨龙并没有杀害自己的同类，这时，腔骨龙的冤情才得以平反。

鼠龙为什么又称为“幼龙”？

1979年，科学家们发现一个奇怪的有五六具鼠龙化石的化石窝，里面的恐龙都长得特别可爱：大大的头、大大的眼睛、小小的身板，长的大约2～3米，最短的只有20厘米，有一只小猫那么大，比起别的恐龙实在太小，所以就被称为了幼龙。

鼠龙

wèi shén me shuō yì lóng bù shì kǒng lóng
为什么说翼龙不是恐龙？

yì lóng de qián zhī hé yī bān kǒnglóng bù yī yàng dì wǔ zhǐ tuì huà dì sì zhǐ jiā cháng biànchéng le fēi xíng zhǐ fēi xíng zhǐ hé tuǐ zhī jiān lián jiē zhe báo báo de yì mó suàn shì gè chì bǎng yóu yú yī bān kǒnglóng dōu méi yǒu zhè xiē tè diǎn suǒ yǐ yì lóng yě jiù bèi kǒnglóng jiā zú chúmíng le

翼龙的前肢和一般恐龙不一样，第五指退化，第四指加长，变成了飞行指，飞行指和腿之间连接着薄薄的翼膜，算是个“翅膀”。由于一般恐龙都没有这些特点，所以翼龙也就被恐龙家族除名了。

翼龙

nǐ tīng guò hēi qiū lóng ma
你听过黑丘龙吗？

hēi qiū lóng yòumíng méi lán lóng měi lán lóng hēi qiū lóng de tóu hěn xiǎo sì zhī què hěn cū zhuàng gǔ tou jù dà ér chénzhòng tā de tǐ chángyuē mǐ zhè me páng dà de shēn qū shì yòng lái dǐ yù tiān dí qīn hài bǔ shā de tiān rán lì qì tā shēnghuó zài nán fēi de tǔ dì shang měi tiān chú le chī xiē zhí wù jiù yōu xián de zài cóng lín lǐ màn bù

黑丘龙又名梅兰龙、美兰龙。黑丘龙的头很小，四肢却很粗壮，骨头巨大而沉重，它的体长约10～12米，这么庞大的身躯是用来抵御天敌侵害捕杀的天然利器。它生活在南非的土地上，每天除了吃些植物，就悠闲地在丛林里漫步。

黑丘龙

shuāng jǐ lóng chī shén me

双脊龙吃什么？

shuāng jǐ lóng yě chēngwéi shuāng jí lóng shì zhū luó jì zǎo qī de
双脊龙也称为双棘龙，是侏罗纪早期的
shí ròu kǒnglóng tā de bí zuǐ qiánduān tè bié xiá zhǎi róu ruǎn ér líng huó
食肉恐龙。它的鼻嘴前端特别狭窄，柔软而灵活，
kě yǐ cóng ǎi shù cóngzhōng huò shí tou fèng lǐ jiāng nà xiē xì xiǎo de xī yì
可以从矮树丛中或石头缝里将那些细小的蜥蜴
huò qí tā xiǎo xíng dòng wù xián chū lái chī diào yóu yú tā shēn tǐ xiǎo qiǎo
或其他小型动物衔出来吃掉。由于它身体小巧
líng huó qiě kǒuzhōng zhǎngmǎn le lì chǐ suǒ yǐ tā hái chángcháng bǔ shā yī
灵活且口中长满了利齿，所以它还常常捕杀一
xiē dà gè zi de shí cǎo kǒnglóng
些大个子的食草恐龙。

双脊龙

 双脊龙的奔跑速度快吗？

双脊龙可算是个奔跑能手。它的前肢短小，奔跑时收起来保持平衡，后肢强健有力，能够飞速地追逐草食性恐龙。它一般会去捕食一些小型、稍具防御能力的鸟脚类恐龙，或者体形较大、较为笨重的蜥脚类恐龙，如大锥龙等。

奔跑的双脊龙

双脊龙的高冠为什么不能用来防御？

双脊龙头上有两片大大的骨冠，也就是高冠。曾经有人认为这是它用来防御及攻击的武器，但事实是，双脊龙的高冠是比较脆弱的，不太可能用于打斗，所以也就不可能用来防御。这么漂亮的高冠也就只是在吸引异性时候用用罢了。

游历侏罗纪

侏罗纪是中生代的第二个纪，陆生的裸子植物达到极盛，哺乳动物开始发展，低等昆虫、低级的海洋生物也开始出现。这些都为恐龙提供了丰富的食物，于是，恐龙迅速强大起来。走进侏罗纪，欣赏地球霸主的风采，观看天空有翼龙和小鸟的翅膀掠过。

shuí shì zuì bèn de kǒng lóng

谁是最笨的恐龙？

zuì bèn de kǒnglóng yào suàn jiàn lóng le jiàn lóng shì yī lèi tǐ xíng jiào dà de kǒnglóng
最笨的恐龙要算剑龙了。剑龙是一类体型较大的恐龙，
suàn shì gè shǎ dà gè suī rán yǒu dà xiàng nà me dà de tǐ xíng dàn tóu què hěn xiǎo nǎo
算是个“傻大个”，虽然有大象那么大的体型，但头却很小，脑
zi zhǐ yǒu hé táo dà xiǎo yǔ tā páng dà de shēn qū xiāng bǐ sì hū yǒu diǎn bù gòuyòng ér
子只有核桃大小，与它庞大的身躯相比，似乎有点不够用。而
qiě tóu bù hái lǎo chuíxiàng dì miàn wěi bù què gāo gāo qiào zài kōngzhōng yǔ kǒnglóng gāi yǒu de dà
且头部还老垂向地面，尾部却高高翘在空中，与恐龙该有的大
jiàngfēng fàn bǐ qǐ lái jiàn lóng kě zhēn shì gè lèng tóu shǎ xiǎo zi le
将风范比起来，剑龙可真是个“愣头傻小子”了。

jiàn lóng de jiàn bǎn yǒu shén me zuò yòng

剑龙的剑板有什么作用？

剑龙

jiàn lóng de bèi shang yǒu liǎng pái sān jiǎo xíng de
剑龙的背上有两排三角形的
gǔ bǎn cóng jǐng bù yī zhí pái dào wěi ba wǎn rú
骨板，从颈部一直排到尾巴，宛如
yī bǎ bǎ dào chā de jiān dāo jiàn lóng gǔ bǎn
一把把倒插的尖刀。剑龙骨板
shang de gè zhǒng yán sè kě yǐ bǎ zì jǐ zhuāng
上的各种颜色可以把自己装
bàn de bù yì bèi qí tā dòng wù fā xiàn cóng
扮得不易被其他动物发现，从
ér bǎo hù zì jǐ lìng wài jiàn bǎn hái kě
而保护自己。另外，剑板还可
yǐ tiáo jié jiàn lóng de tǐ wēn yǐ shì yìnghuánjìng
以调节剑龙的体温，以适应环境。

shì niǎo lóng bǔ shí niǎo lèi ma

 嗜鸟龙捕食鸟类吗？

cóngmíng zi shangkàn shì niǎolóng sì hū shì yǐ tōu shí niǎo lèi wéi
从名字上看，嗜鸟龙似乎是以偷食鸟类为
shēng de dàn shí jì shang tā bìng méi yǒu
生的，但实际上它并没有
zhēnzhèng bǔ shí guò niǎo lèi shì niǎo
真正捕食过鸟类。嗜鸟
lóng yǐ yī xiē xiǎoxíng bǔ rǔ lèi pá
龙以一些小型哺乳类、爬
xíng lèi rú xī yì huò zhě fū yù zhōng
行类，如蜥蜴或者孵育中
de qí tā kǒnglóng zuò wéi shí wù kě jiàn
的其他恐龙作为食物。可见
tā shì yī zhǒng diǎnxíng de ròu shí xìng kǒnglóng
它是一种典型的肉食性恐龙。

嗜鸟龙

jìn xī lóng zhǎng de hěn xiǎo ma

 近蜥龙长得很小吗？

jìn xī lóng tǐ cháng dà yuē mǐ tǐ xíng xiāng duì jiāo xiǎo tā
近蜥龙体长大约1.7米，体型相对娇小。它
de huà shí shì nián zài
的化石是1973年在
guì zhōu běi bù dà fāng pén dì zhōng
贵州北部大方盆地中
wā jué dào de suī rán huà shí de gǔ
挖掘到的，虽然化石的骨
jià bù wánzhěng dàn kě yǐ kàn dào tā de
架不完整，但可以看到它的
bó zi shēn tǐ hé wěi ba dōu bǐ jiào xiū cháng
脖子、身体和尾巴都比较修长，
yòu cháng yòu zhǎi de qián zhī zhǎng shang hái zhǎng zhe
又长又窄的前肢掌上还长着
néng wān qū de dà mǔ zhǐ
能弯曲的大拇指。

近蜥龙

jìn xī lóng shì zěn me bèi fā xiàn de
近蜥龙是怎么被发现的？

jìn xī lóng yí hái de fā xiàn bǐ rén lèi duì kǒng lóng de rèn shí gèng zǎo nián zài
近蜥龙遗骸的发现比人类对恐龙的认识更早。1818年在

měi guó de kāng nǎi dí kè zhōu fā xiàn yī xiē dà xíng gǔ tou shí tā men dōu bèi rèn wéi shì rén lèi
美国的康乃狄克州发现一些大型骨头时，它们都被认为是人类

de shǐ yuán jiàn jiàn de zài mǎ sà zhū sāi zhōu de rén
的始源。渐渐地，在马萨诸塞州的人

men yòu fā xiàn dà liàng de gǔ tou zhí zhì nián
们又发现大量的骨头，直至1855年

cái kāi shǐ bèi rèn wéi shì yī zhǒng xī yì zhī hòu
才开始被认为是一种蜥蜴。之后，

zhù míng de gǔ shēng wù xué jiā ào sāi nèi ěr chá
著名的古生物学家奥塞内尔·查

lì sī mǎ shén jiāng zhī gǎi míng wéi jìn xī lóng
利斯·马什将之改名为近蜥龙。

近蜥龙想象图

jī chǐ lóng shēng huó zài shén me yàng de huán jìng zhōng
畸齿龙生活在什么样的环境中？

jī chǐ lóng yòu chēng yì chǐ lóng yì wéi zhǎng yǒu bù tóng lèi xíng yá
畸齿龙又称异齿龙，意为“长有不同类型牙

chǐ de xī yì shēng huó zài zǎo zhū luó jì de nán fēi shì yuán shǐ de
齿的蜥蜴”，生活在早侏罗纪的南非，是原始的、

zuì xiǎo de niǎo jiǎo lèi dāng shí de
最小的鸟脚类。当时的

nán fēi shǔ yú gān hàn huò bàn gān hàn
南非属于干旱或半干旱

de dì zhì huán jìng shēng huó huán jìng shí
的地质环境，生活环境十

fēn jiān kǔ dàn shì jī chǐ lóng jiù shì zài zhè yàng de
分艰苦，但是畸齿龙就是在这样的

huán jìng zhōng fā zhǎn zhuàng dà le
环境中发展壮大了。

畸齿龙

dì yī tóu zài nán jí fā xiàn de kǒng lóng shì shuí
第一头在南极发现的恐龙是谁？

bīng jǐ lóng shì dì yī tóu zài nán jí fā xiàn de shòu jiǎo lèi kǒng lóng
冰脊龙是第一头在南极发现的兽脚类恐龙，
tā hái yǒu yī gè bié míng jiào zuò āi ěr wéi sī lóng bīng jǐ lóng shì
它还有一个别名叫做“埃尔维斯龙”。冰脊龙是
yī zhǒng lěng xuè yǒu guān pá xíng lèi dòng wù yǒu liù mǐ
一种“冷血有冠”爬行类动物，有六米
duō cháng sì zú yùn dòng de shí ròu kǒng lóng tā
多长，四足运动的食肉恐龙。它
men shēn shang yǒu fēng fù yàn lì de sè
们身上有丰富艳丽的色
cǎi dàn jǐn shèn de tā men sì hū
彩，但谨慎的它们似乎
zhǐ zài fán zhí jì jié cái zhǎn lù
只在繁殖季节才崭露
chū lái
出来。

冰脊龙

为什么说气龙是捕猎高手？

气龙善于快速奔跑，是侏罗纪中期恐龙中响当当的“霸主”。气龙拥有尖锐的牙齿，可以轻易撕裂生肉，强而有力的前肢配合着强劲的爪子，用来抓牢猎物坚韧的外皮，以便杀死对方。

气龙

美扭椎龙的名字是怎么来的？

1841年，一个叫理查德·欧文的人描述了美扭椎龙，它被认为是斑龙的一个新物种，命名为居氏斑龙。美扭椎龙的标本是在英国牛津北部一个砖窑中发现的，可惜的是在中间又丢失过好几次，最后由艾力克·沃克在1964年找回并重新描述，命名为美扭椎龙。

美扭椎龙

蜀龙是在哪里发现的？

蜀龙化石是在我国四川省自贡市大山铺下沙溪庙组发现的。目前已超过了20个蜀龙骨骸，其中有不少较完整的骨骸，以及少数头颅骨。现在，蜀龙正静静地躺在自贡恐龙博物馆中。

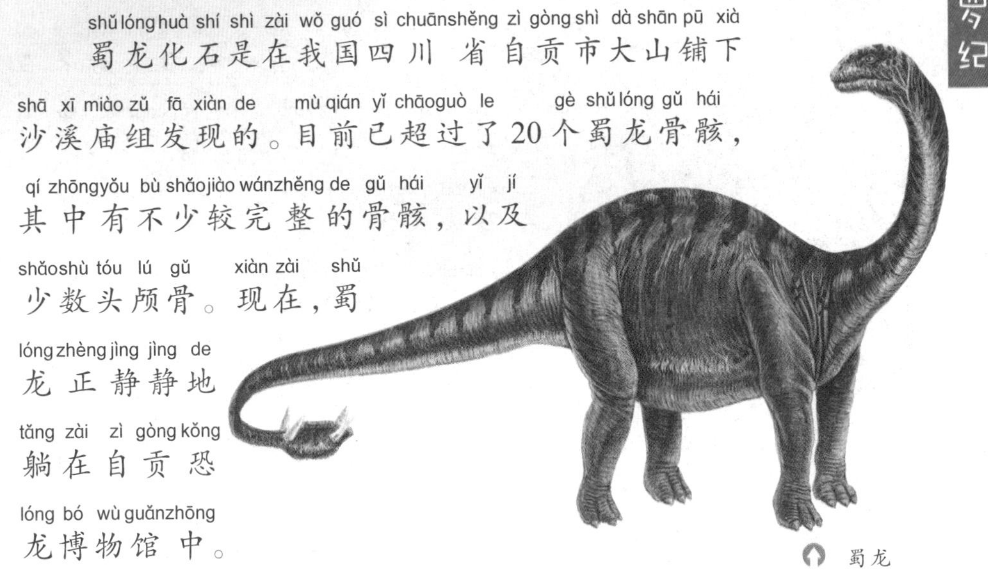

蜀龙

鲸龙的名字是怎么来的？

鲸龙的化石遗骸在英格兰及摩纳哥被发现，由于当时并不很了解鲸龙，只是发现者认为它有鲸鱼的特征，便随便给了个鲸龙的名字，直到1869年汤玛斯·亨利·赫胥黎将它定为恐龙，鲸龙的结构才被真正了解。

鲸龙庞大的身躯

bān lóng shì zěn me bèi fā xiàn de
斑龙是怎么被发现的？

斑龙

nián yīng guó niú jīn shì fù jìn yǒu yī chù shí huī yán cǎi shí
1676年，英国牛津市附近有一处石灰岩采石
chǎng gōng rén shī fù men zhèng zài xīn qín gōng zuò tū rán
场，工人师傅们正在辛勤工作，突然
zài shí tou qún zhōng fā xiàn le bù fen gǔ tou kě shì
在石头群中发现了部分骨头，可是
tā men bìng bù zhī dào zhè shì shén me dòng wù de gǔ
他们并不知道这是什么动物的骨
tou yú shì jiù jiāo gěi le niú jīn dà xué de huà xué
头，于是就交给了牛津大学的化学
jiào shòu luó bó tè bō ěr dì jīng guò cháng shí jiān de
教授罗伯特·波尔蒂，经过长时间的
yán jiū zhōng yú què dìng le tā de shēn fen bān lóng
研究，终于确定了它的身份——斑龙。

wèi shén me chēng liáng lóng wéi tǐ cháng guàn jūn
为什么称梁龙为“体长冠军”？

liáng lóng bó zi cháng mǐ wěi ba cháng mǐ quán cháng dá dào le
梁龙脖子长7.8米，尾巴长13.5米，全长达到了
mǐ zuǒ yòu zhè kě suàn de shang shì yǒu shǐ yǐ lái lù dì shang zuì cháng de dòng wù zhī
27米左右，这可算得上是有史以来陆地上最长的动物之
yī le bǐ léi lóng wàn lóng dōu yào cháng tǐ cháng guàn jūn de chēng hào jǐ yú tā jué
一了，比雷龙、腕龙都要长，“体长冠军”的称号给予它绝
duì shì dāng zhī wú kuì de
对是当之无愧的。

梁龙的骨头是空心的吗？

梁龙的骨头不但是空心的，而且还很轻。因此，像梁龙这样的庞然大物就不会被自己巨大的身躯压垮了。按说身躯庞大的梁龙，体重应该不轻，可是实际上它们才有10多吨重，而那些个头小许多的恐龙倒比它们重上好几倍呢。

梁龙的尾巴有什么用途？

梁龙细长的尾巴内有大约70块脊椎骨，可见其尾巴对整个身体是多么重要。梁龙的尾巴像条强有力的“鞭子”，能用它来鞭打敌人，从而迫使侵犯者后退逃走。当它用后腿站立时，也可以用尾巴来支持部分体重。

永川龙是在哪里发现的？

永川龙的化石发现于中国重庆市永川区五间镇上游水库，这也解释了我们为什么将它命名为“永川龙”了。永川龙性格孤僻，就像现在的虎、豹一样，喜欢单独活动，常常出没在丛林、湖滨等区域，找寻猎物。

永川龙

重龙长什么样？

巨大笨重的身体、长脖子，还有一条很长的尾巴，这就是重龙给人的第一印象。它的尾巴摆动起来很是可爱，但当它遇到危险时，如此可爱的尾巴就成了赶跑敌人的利器。在重龙的前脚内趾上还长着大而弯的爪，遇到猎物时可以很轻易的抓住。

重龙

wèi shén me shuō yì tè lóng shì liè shí dòng wù zhōng de wáng zhě
为什么说异特龙是猎食动物中的王者？

yì tè lóng suī rán zhǎng zhe páng dà de shēn tǐ, dàn jù tuī cè, tā de dà nǎo
异特龙虽然长着庞大的身体，但据推测，它的大脑
xiāng dāng fā dá, shì zhū luó jì shí qī zhì shāng zuì gāo de dà xíng ròu shí kǒng lóng.
相当发达，是侏罗纪时期智商最高的大型肉食恐龙。
yì tè lóng shǔ yú qún jū kǒng lóng, dāng yǒu wài dí qīn lüè shí, tā men huì tuán jié xié
异特龙属于群居恐龙，当有外敌侵略时，它们会团结协
zuò jiāng qí dǎ bài. yì tè lóng yě huì yǐ tóng yàng de fāng shì zhǔ dòng gōng jī bìng qīn
作将其打败。异特龙也会以同样的方式主动攻击并侵
lüè qí tā kǒng lóng de lǐng yù, jí gāo zhì shāng yǔ bà dào yú yī shēn de tā men bù kuì
略其他恐龙的领域，集高智商与霸道于一身的它们不愧
wéi wáng zhě.
为王者。

异特龙

你听说过“大艾尔”吗？

英国BBC《与恐龙共舞》有一期特别节目——《异特龙之谜》，就是把“大艾尔”作为主角，从而使人们了解了异特龙。“大艾尔”最初是一个瑞士团队在怀俄明州发现的。因为该化石相当完整，便取了个昵称“大艾尔”。虽然它在异特龙种群里体型偏小，但却是最著名的。

大椎龙为什么要吃鹅卵石？

作为最早在陆地上出现的以植物为食的恐龙之一，大椎龙的牙齿很小，可以咬碎树叶，但咀嚼功能却不怎么强。所以它们会在进食时吞下鹅卵石，以帮助消化胃中的食物。卵石可以将树叶捣成汁液，以便吸收对身体有用的营养。

大椎龙

tuó jiāng lóng xǐ huan chī shén me

沱江龙喜欢吃什么?

tuó jiāng lóng de yá chǐ shì xiān ruò de suǒ yǐ tā zhǐ néng qǔ chī yī xiē dī ǎi de lù shēng zhí wù de zhī yè ér qiě hái bù néng chōng fèn de jǔ jué nà xiē cū cāo de shí wù yú shì tā men zhǐ néng zài chī zhí wù shí yī qǐ tūn yàn xià yī xiē shí kuài zhè xiē shí kuài kě zài wèi zhōng bāng zhù jiāng shí wù dǎo suì zhǐ yǒu zhè yàng tā men cái kě yǐ bǎ chī jìn qù de dōng xi xiāo huà diào

沱江龙的牙齿是纤弱的，所以它只能取吃一些低矮的陆生植物的枝叶，而且还不能充分地咀嚼那些粗糙的食物，于是它们只能在吃植物时一起吞咽下一些石块，这些石块可在胃中帮助将食物捣碎，只有这样它们才可以把吃进去的东西消化掉。

沱江龙

jiǎo bí lóng de bí jiǎo yǒu shén me yòng

角鼻龙的鼻角有什么用?

角鼻龙

jiǎo bí lóng bí zi shàng fāng hé liǎng yǎn qián fāng zhǎng yǒu duǎn jiǎo zhè jiù shì bí jiǎo yǒu rén rèn wéi zhè shì jiǎo bí lóng gōng jī fáng yù de wǔ qì zài yù dào dí rén de shí hou bǎ duì fāng jī tuì dàn gèng duō de guān diǎn rèn wéi jiǎo bí lóng de bí jiǎo zhǐ shì bāng zhù kuò dà shì jué fàn wéi zài qiú ǒu de shí hou gěi zì jǐ zēng jiā yī fèn chéng gōng de chóu mǎ

角鼻龙鼻子上方和两眼前方长有短角，这就是鼻角。有人认为这是角鼻龙攻击、防御的武器，在遇到敌人的时候把对方击退。但更多的观点认为角鼻龙的鼻角只是帮助扩大视觉范围，在求偶的时候给自己增加一份成功的筹码。

为什么称雷龙为迷惑龙？

之所以取迷惑龙这个名字，可不是因为它长有一张迷惑人的面孔，而是当初人们发现它的化石时，其中的一个非常大的胫骨，没人知道这是什么，有什么作用。正是因为大家的困惑，所以就将这种恐龙命名为“迷惑龙”。

迷惑龙

美颌龙的牙齿长什么样？

美颌龙最大的特点在于牙齿，它的牙齿小而锋利，除了在前上颌骨的前段牙齿外，其他牙齿都有锯齿。这么小而锋利的牙齿就决定了它们只适合吃一些小型脊椎动物和昆虫。它的牙齿，也是科学家们用来判别美颌龙及其近亲的重要依据。

美颌龙

shén me kǒng lóng shí liàng zuì dà

 什么恐龙食量最大？

shì jiè shang zuì néng chī de kǒnglóng mò guò yú wànlóng le wàn
世界上最“能吃”的恐龙莫过于腕龙了。腕
lóng tè bié róng yì è měi tiān xū yào chī dà liàng de shí wù lái bǔ chōng
龙特别容易饿，每天需要吃大量的食物来补充
tā páng dà de shēn tǐ shēngzhǎng hé sì chù huódòngsuǒ xū de néngliàng yī
它庞大的身体生长和四处活动所需的能量。一
tóu dà xiàng yī tiān cái chī dà yuē qiān kè de shí wù ér wànlóng měi
头大象一天才吃大约150千克的食物，而腕龙每
tiān dà yuē chī qiān kè de shí wù shì dà xiàng de bèi zhēn shì
天大约吃1500千克的食物，是大象的10倍，真是
gè dà fàn tǒng
个“大饭桶”。

腕龙吃树梢上的嫩叶，其他吃草类动物是够不着的。依靠长长的脖子，它能够摘取最高处的树叶。

yuán dǐng lóng shì ròu shí kǒng lóng ma
圆顶龙是肉食恐龙吗？

圆顶龙

yuándǐnglóng shì yǐ zhí wù wéi shí de tōngcháng chī yī xiē jué lèi zhí wù de yè zi ér qiě tā men shì qún jū kǒnglóng méi yǒu wō tōng chángdōu shì zǒu dào nǎ zhù dào nǎ suí yù ér ān yuándǐnglóng chī dōng xi shí cóng lái bù jiáo ér shì jiāng shí wù zhěng gè tūn xià kào wèi shí lái bāngzhù tā menxiāo huà

圆顶龙是以植物为食的，通常吃一些蕨类植物的叶子，而且它们是群居恐龙，没有窝，通常都是走到哪住到哪，随遇而安。圆顶龙吃东西时从来不嚼，而是将食物整个吞下，靠胃石来帮助它们消化。

马门溪龙

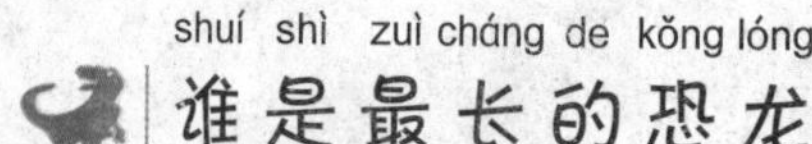

shuí shì zuì cháng de kǒng lóng
谁是最长的恐龙？

mǎ mén xī lóng shì xiàn zài yǐ jīng fā xiàn de kǒnglóng lǐ shēn tǐ zuì cháng de tǐ cháng mǐ zuì ràng rén chēng qí de shì mǎ mén xī lóng de bó zi xiāngdāng yú shēn tǐ cháng dù de yī bàn chángcháng de bó zi zhī chēngzhexiàngshé tóu yī yàng de xiǎo nǎo dai cán rěn xiōngbào de yǒngchuānlóng shì mǎ mén xī lóng zuì dà de liè shǒu tā yī shēngdōu yào xiǎo xīn yì yì yǐ fáng bèi yǒngchuānlóng chī diào

马门溪龙是现在已经发现的恐龙里身体最长的。体长16～30米，最让人称奇的是，马门溪龙的脖子相当于身体长度的一半，长长的脖子支撑着像蛇头一样的小脑袋。残忍凶暴的永川龙是马门溪龙最大的猎手，它一生都要小心翼翼，以防被永川龙吃掉。

mǎ mén xī lóng de shēnghuó huán jìng rú hé

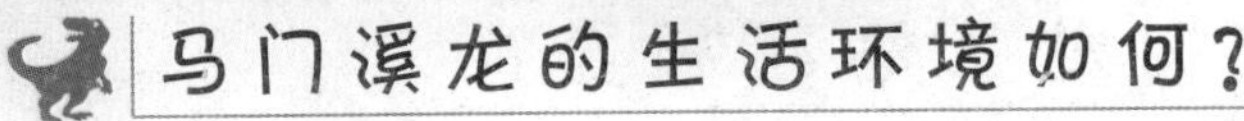

马门溪龙的生活环境如何？

mǎ mén xī lóng
马门溪龙
shēnghuó zài zhū luó jì
生活在侏罗纪
wǎn qī de zhōngguó nèiměng
晚期的中国内蒙
gǔ nà lǐ yǒudàochùshēng
古——那里有到处生
zhǎngzhehóngmù hé hóngshānshù de sēn
长着红木和红杉树的森
lín mǎ mén xī lóng měi tiān chéngqún jié
林。马门溪龙每天成群结
duì de màn bù zài guǎngkuò mào mì de sēn lín
队地漫步在广阔、茂密的森林
lǐ yòng tā menxiǎoxiǎo de dīngzhuàng de yá chǐ kěn shí shù yè yóu yú
里，用它们小小的、钉状的牙齿啃食树叶。由于
gè zi gāo tā men hái néng chī dào bié de kǒnglóng gòu bù zháo de shù dǐng de
个子高，它们还能吃到别的恐龙够不着的树顶的
nèn zhī
嫩枝。

马门溪龙是目前我国发现的最大的蜥脚类恐龙，生活在距今1.5亿～1.4亿年前的侏罗纪晚期，广泛分布于东亚地区。

xiàng shù lóng shēng huó zài nǎ lǐ

橡树龙生活在哪里？

xiàngshù lóng shì yī zhǒng zhí shí xìngkǒnglóng zhǎngzhe yī shuāng dà dà
橡树龙是一种植食性恐龙，长着一双大大
de yǎn jing shēnghuó zài zhū luó jì wǎn qī de měi guózhōng xī bù hé yīng guó
的眼睛，生活在侏罗纪晚期的美国中西部和英国
děng dì qū xiàngxiàn zài de lù yī
等地区，像现在的鹿一
yàng tā yě shì kuài pǎonéngshǒu dāng
样，它也是快跑能手，当
zāoshòudào rèn hé yī zhǒngcán bào de shí ròu kǒng
遭受到任何一种残暴的食肉恐
lóng de wēi xié shí tā dōunéngyòngchángcháng de hòu tuǐ
龙的威胁时，它都能用长长的后腿
yǐ zuì kuài de sù dù táo lí
以最快的速度逃离。

橡树龙

nǐ tīng shuō guò chā lóng ma

你听说过叉龙吗？

chā lóng shì liánglóng jiā zú de yī ményuǎn qīn dà yuē chū xiàn zài
叉龙是梁龙家族的一门远亲，大约出现在1.95
yì yì niánqián de fēi zhōu tǎn sāng ní yà dì qū chā lóng de tǐ
亿～1.41亿年前的非洲坦桑尼亚地区。叉龙的体
cháng mǐ tǐ zhòng kě yǐ dá dào dūn tā de bó zi shang
长13～20米，体重可以达到8吨。它的脖子上
zhǎngyǒuduǎn de cì zhuàng tū qǐ chángwěi ba tā yě shì
长有短的刺状突起，长尾巴。它也是
yī zhǒngcǎo shí xìngkǒnglóng měi tiān màn bù zài fēi zhōu dà cǎo
一种草食性恐龙，每天漫步在非洲大草
yuánshang è le jiù chī
原上，饿了就吃
diǎn cǎo hěn shì yōu xián
点草，很是悠闲
zì zài
自在。

叉龙

wān lóng rú hé tì huàn yá chǐ
弯龙如何替换牙齿？

xiàngxiǎo hái zi yī yàng wānlóng yě huì huàn yá tā yá chǐ tì huàn de guòchéng xiān shì cóng ǒu shù wèi hòu yá chǐ kāi shǐ suǒ yǒu wèi yú jī shù wèi de yá chǐ yī cì bèi tì huàn zài dà duō shù qíngkuàng xià tì huàn bō cónghòuxiàngqián yīn cǐ tì huàn chǐ xì zhōng de yá chǐ cónghòuxiàngqián zhú jiàn biàn xiǎo yá chǐ tì huàn zài kǒnglóng qún tǐ zhōng shì yī zhǒng pǔ biàn xiànxiàng

像小孩子一样，弯龙也会换牙，它牙齿替换的过程先是从偶数位后牙齿开始，所有位于奇数位的牙齿依次被替换，在大多数情况下，替换波从后向前。因此，替换齿系中的牙齿从后向前逐渐变小。牙齿替换在恐龙群体中是一种普遍现象。

弯龙的牙齿排列更为紧密。牙齿的两侧、锯齿边缘有明显的棱脊，比橡树龙的更明显。它的牙齿常发现大范围的磨损，显示它们以坚硬的植物为食。

追踪白垩纪 >>>

中生代的最后一个纪——白垩纪，大陆和海洋界线逐渐清晰，气候温暖、干旱。植物、昆虫、海生动物，都增加了好多新种类。大型海生动物、哺乳类动物也开始出现，恐龙家族也添了不少新成员。可就在这个生物物种空前丰富的时期，恐龙，这个陆地的统治者，却突然消失了……

shí ròu niú lóng zhǎng zhe "niú tóu" ma
食肉牛龙长着"牛头"吗？

食肉牛龙的头部

shí ròu niú lóng shì yī zhǒng wài xíng kàn shàng qù shí fēn xiōng měng de kǒng lóng tā shì dà xíng ròu shí xìng kǒng lóng lèi qún zhōng cháng jiàn de chéng yuán zhī yī shí ròu niú lóng tǐ cháng yǒu mǐ duō hé jīn tiān de gōng niú zhǎng de hěn lèi sì yǒu zhe xiàng gōng niú jiǎo yī yàng de tū qǐ xià è xiàng yī gè hé zi zhěng gè zǔ chéng yī gè niú tóu

食肉牛龙是一种外形看上去十分凶猛的恐龙，它是大型肉食性恐龙类群中常见的成员之一。食肉牛龙体长有10米多，和今天的公牛长得很类似，有着像公牛角一样的突起，下颚像一个盒子，整个组成一个"牛头"。

shí ròu niú lóng de wěi ba yǒu shén me zuò yòng
食肉牛龙的尾巴有什么作用？

食肉牛龙

zài shí ròu lóng tún bù de lèi gǔ xià miàn zhǎng zhe dà gōng chén wěi ba zài tā yùn dòng shí shí ròu niú lóng yòng tā nà cháng cháng de wěi ba bǎo chí píng héng ér qiě zhè tiáo wěi ba shǐ shí ròu niú lóng de tóu xiàng qián shēn kě yǐ bǔ huò zhēng zhā de liè wù

在食肉龙臀部的肋骨下面长着"大功臣"——尾巴。在它运动时，食肉牛龙用它那长长的尾巴保持平衡，而且这条尾巴使食肉牛龙的头向前伸，可以捕获挣扎的猎物。

zhōng huá lóng niǎo shì kǒng lóng hái shì niǎo

 中华龙鸟是恐龙还是鸟？

yī kāi shǐ fā xiàn zhōng huá lóng niǎo huà shí de shí hou kē xué jiā hái
一开始发现中华龙鸟化石的时候，科学家还
yǐ wéi zhè shì yī zhǒng yuán shǐ de niǎo lèi suǒ yǐ gěi tā qǔ míng wéi zhōng
以为这是一种原始的鸟类，所以给它取名为“中
huá lóng niǎo hòu lái fā xiàn zhōng huá lóng niǎo yǒu hěn duō kǒng lóng de tè
华龙鸟”。后来发现中华龙鸟有很多恐龙的特
zhēng tóu gǔ yòu dī yòu cháng nǎo dai hěn xiǎo yá chǐ yǒu diǎn biǎn
征——头骨又低又长，脑袋很小，牙齿有点扁，
ér qiě biān yuán shì jù chǐ xíng de gēn jù zhè xiē tè zhēng cái rèn dìng le
而且边缘是锯齿形的。根据这些特征，才认定了
zhōng huá lóng niǎo yuán lái shì yī zhǒng xiǎo xíng ròu shí kǒng lóng
中华龙鸟原来是一种小型肉食恐龙。

zhōng guó niǎo lóng hé zhōng huá lóng niǎo shì tóng yī zhǒng dòng wù ma

 中国鸟龙和中华龙鸟是同一种动物吗？

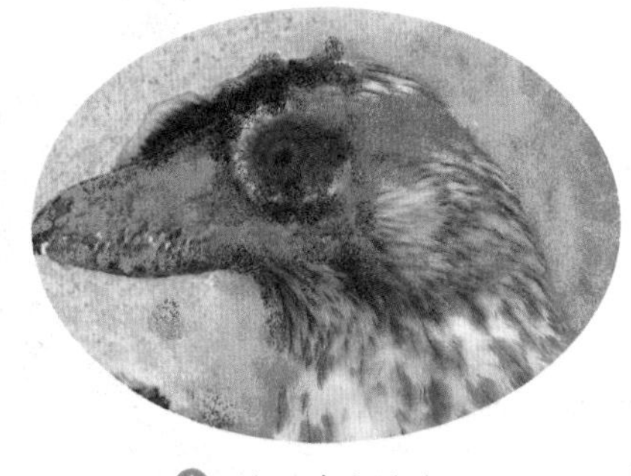
中国鸟龙的头

tā men bù shì tóng yī zhǒng dòng wù zhōng guó niǎo lóng yǒu yǔ máo tā gèng yǒu lèi sì niǎo lèi de gǔ pén yǔ hòu zhī yǐ jí
它们不是同一种动物。中国鸟龙有羽毛，它更有类似鸟类的骨盆与后肢，以及
fēi cháng cháng de shǒu bì zhè me duō de tè diǎn zhèng míng tā yǐ jīng hé xiàn
非常长的手臂，这么多的特点证明它已经和现
zài de niǎo lèi fēi cháng jiē jìn ér zhōng huá lóng niǎo bǐ zhōng guó niǎo lóng
在的鸟类非常接近。而中华龙鸟比中国鸟龙
gèng yuán shǐ zhǐ shì yī zhǒng kǒng lóng zhī suǒ yǐ tā fǎn ér bèi mìng míng
更原始，只是一种恐龙。之所以它反而被命名
wéi niǎo shì yīn wèi tā de fā xiàn nián dài gèng zǎo
为“鸟”，是因为它的发现年代更早。

似金翅鸟龙长什么样？

似金翅鸟龙是长着金色外貌的一种植食性恐龙，它与鸟类的体型外貌类似，却拥有更加强壮的前肢。虽然它的前肢可能不能伸出很长或抬高许多，但在能够活动的范围内，配合着爪子，可以挖掘、寻找食物。

似金翅鸟龙

禽龙是在哪里发现的？

当初发现禽龙的是英国的一名医生曼特尔，他在1822年发现了禽龙的化石。化石表明禽龙长达12米，而且在化石里发现了一个圆锥形的角状物，后来人们发现，那其实应该是禽龙第一指上的爪子。

禽龙

禽龙的名字是怎么来的？

研究者曼特尔最初是想将禽龙命名为鬣蜥龙，但他的朋友威廉·丹尼尔·科尼比尔认为这个名字比较适合鬣蜥本身，所以不太建议。而且曼特尔当时还忘记取种名了，所以在1829年，弗里德里希·霍尔将它命名为禽龙，后来修改为安格理克斯禽龙，这样禽龙就拥有了自己的名字。

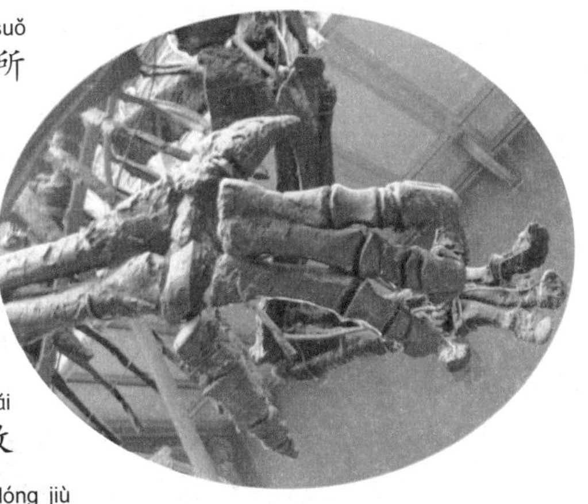

禽龙的手指

shuí shì zhuǎ zi zuì fēng lì de kǒng lóng
谁是爪子最锋利的恐龙？

rú guǒ tuī xuǎn kǒng lóng shí dài zuì lì hai de zhuǎ zi shā shǒu wǒ
如果推选恐龙时代最厉害的爪子杀手，我
men huì háo bù yóu yù de bǎ zhè ge chēng hào sòng gěi kǒng zhuǎ lóng yīn wèi
们会毫不犹豫地把这个称号送给恐爪龙。因为
kǒng zhuǎ lóng hòu zhī dì èr zhǐ de zhǐ duān yǒu lián dāo bān de jù dà zhuǎ zi
恐爪龙后肢第二趾的趾端有镰刀般的巨大爪子，
ér qiě cháng cháng de qián zhī hái gè yǒu sān gè dài zhuǎ zi de zhǐ tou dāng
而且长长的前肢还各有三个带爪子的指头。当
kǒng zhuǎ lóng fēi pū dào liè wù shàng fāng yòng zhuǎ zi pī kǎn liè wù shí huì
恐爪龙飞扑到猎物上方用爪子劈砍猎物时，会
qīng yì de jiāng liè wù zhì yú sǐ dì
轻易地将猎物置于死地。

恐爪龙

kǒngzhuǎlóng de dì yī jù huà shí zài nǎ lǐ bèi fā xiàn

恐爪龙的第一具化石在哪里被发现？

kǒngzhuǎlóng de dì yī jù huà shí shì nián yóu měi guó de yī
恐爪龙的第一具化石，是1931年由美国的一
míng gǔ shēng wù zhuān jiā yǐ jí tā suǒ dài lǐng de duì wǔ zài měi guóméng dà
名古生物专家，以及他所带领的队伍在美国蒙大
ná zhōunán bù fā xiàn de dāng shí zhǔ yào shì xiǎng fā jué bìng chǔ lǐ jiàn lóng
拿州南部发现的。当时主要是想发掘并处理腱龙
de yí hái ér hòu lái yòu fā xiàn le yī xiē xiǎoxíng de ròu shí xìngkǒnglóng huà
的遗骸，而后来又发现了一些小型的肉食性恐龙化
shí hái yǒu dà liàng de kǒngzhuǎ
石，还有大量的恐爪
lóng de yá chǐ jiù zhèyàng
龙的牙齿，就这样
kǒngzhuǎlóngzhōng yú bèi rén
恐爪龙终于被人
men suǒ fā xiàn
们所发现。

恐爪龙

shuí shì wéi yī chī yú de kǒng lóng

谁是唯一吃鱼的恐龙？

zhòngzhuǎlóng shì wéi yī chī yú de kǒnglóng yīn wèi zài zhòngzhuǎlóng de wèi bù fā
重爪龙是唯一吃鱼的恐龙，因为在重爪龙的胃部发
xiàn le chāoguò yī mǐ de yú cán hái gǔ gé zhòngzhuǎlóngshēnghuó zài shuǐbiān bù shí
现了超过一米的鱼残骸骨骼。重爪龙生活在水边，不时
qián rù shuǐzhōngzhuā yú jiù xiàng
潜入水中抓鱼，就像
jīn tiān de huīxióng yī yàng zài tā
今天的灰熊一样，在它
menzhuādào yú hòu jiù yòng zuǐ diāo zhù rán hòu
们抓到鱼后，就用嘴叼住，然后
dài dào jué shùcóngzhōng qù mànmànxiǎngyòng
带到蕨树丛中去慢慢享用。

重爪龙

yīng wǔ zuǐ lóng kào shén me lái xiāo huà shí wù

鹦鹉嘴龙靠什么来消化食物？

yīng wǔ zuǐ lóng kào tūn jìn wèi shí lái xié zhù mó suì shí wù bāngzhù xiāo huà yīng wǔ zuǐ lóng jiāng zhè xiē wèi shí chǔcáng yú shānáng zhōng zài xū yào xiāo huà de shí hou qǔ chū lái shí fēn fāngbiàn hé xiàn zài de niǎo lèi de xiāo huà fāng shì hěn shì lèi sì

鹦鹉嘴龙靠吞进胃石来协助磨碎食物，帮助消化。鹦鹉嘴龙将这些胃石储藏于砂囊中，在需要消化的时候“取”出来，十分方便，和现在的鸟类的消化方式很是类似。

鹦鹉嘴龙的外形

yīng wǔ zuǐ lóng fēn bù zài nǎ xiē dì qū

鹦鹉嘴龙分布在哪些地区？

qì jīn suǒ zhī gāi lèi huà shí fēn bù jǐn xiàn yú yà zhōu dà lù chú zhōngguó běi fāng shì zhǔ yào fēn bù qū yù wài zài měng gǔ hé sū lián de wū lā ěr yǐ dōng yě yǒu fā xiàn shì zǎo bái è jì shí qī de biāozhǔn huà shí yīng wǔ zuǐ lóng dà bù fen shí jiān shēnghuó zài lù dì shang yóu qí xǐ huan dī wā de hú zhǎo hé hé liú àn biān

迄今所知，该类化石分布仅限于亚洲大陆，除中国北方是主要分布区域外，在蒙古和苏联的乌拉尔以东也有发现，是早白垩纪时期的标准化石。鹦鹉嘴龙大部分时间生活在陆地上，尤其喜欢低洼的湖沼和河流岸边。

在河边的鹦鹉嘴龙

nǐ tīng guò wū ěr hé lóng ma
你听过乌尔禾龙吗？

wū ěr hé lóng shì cún huó yú bái è jì zǎo qī de jiàn lóng xiàng
乌尔禾龙是存活于白垩纪早期的剑龙。像
suǒ yǒu de jiàn lóng yī yàng tā yán zhe bèi bù zhǎng zhe yī xì liè sān jiǎo xíng
所有的剑龙一样，它沿着背部长着一系列三角形
de jiǎ piàn zài wěi bù hái zhǎng zhe fēng lì de jiān cì wū ěr hé lóng shì
的甲片，在尾部还长着锋利的尖刺。乌尔禾龙是
shàn liáng de cǎo shí xìng dòng wù shēn cháng yuē mǐ wū ěr hé lóng bèi bù
善良的草食性动物，身长约6米，乌尔禾龙背部
gǔ bǎn jiào yuán kàn qǐ lái hěn hòu shi
骨板较圆，看起来很厚实。

乌尔禾龙

léng chǐ lóng wèi shén me bèi chēng wéi kǒng lóng shì jiè de líng yáng
棱齿龙为什么被称为“恐龙世界的羚羊”？

léng chǐ lóng shì yī zhǒng xiǎo xíng èr zú de cǎo shí xìng kǒng lóng chéng qún shēng huó de tā
棱齿龙是一种小型、二足的草食性恐龙。成群生活的它
men yǐ kěn shí dī ǎi de zhí wù wéi shēng tǐ xíng jiào xiǎo qiě bù shàn yú gōng jī de líng chǐ lóng
们以啃食低矮的植物为生。体型较小且不善于攻击的凌齿龙
zài yù jiàn wēi xiǎn shí zěn me bàn ne
在遇见危险时怎么办呢？
táo pǎo shì bǎo hù zì jǐ de wéi yī fāng
逃跑是保护自己的唯一方
fǎ suǒ yǐ tā néng gòu xiàng líng yáng yī yàng
法，所以它能够像羚羊一样
duǒ shǎn hé yū huí bēn pǎo bèi yù wéi kǒng
躲闪和迂回奔跑，被誉为“恐
lóng shì jiè de líng yáng
龙世界的羚羊”。

棱齿龙

你听说过豪勇龙吗?

豪勇龙又名无畏龙,意为"勇敢蜥蜴",生存于早白垩纪时期。豪勇龙身长7米,重达4吨,以植物作为食物来源,长着一张喙状嘴。豪勇龙的每只爪子上都有一个长钉,帆从背部、臀部一直延伸到尾部,这些特征使我们很容易辨别出它来。

豪勇龙

háo yǒng lóng bèi bù de fān zhuàng wù yǒu shén me zuò yòng
豪勇龙背部的帆状物有什么作用？

háoyǒnglóng de fān kě yǐ bāngzhù tā bǎo chí tǐ wēn de wěndìng
豪勇龙的“帆”可以帮助它保持体温的稳定。

zǎochénxǐng lái háoyǒnglóng kāi shǐ shài tài yáng cǐ shí fān shang de
早晨醒来，豪勇龙开始晒太阳，此时，“帆”上的

xuè yè zài yángguāng xià jiù xiàng yī kuài
血液在阳光下就像一块

tài yángnéng jù rè bǎn zhèyàng
太阳能聚热板，这样

tā zài hánlěng de yè wǎn jiù bù huì
它在寒冷的夜晚就不会

zháoliáng le dàozhōng wǔ hěn rè
“着凉”了。到中午很热

de shí hou fān yòu qǐ dào sàn rè bǎn de zuòyòng gěi zì jǐ jiàngwēn
的时候，“帆”又起到散热板的作用，给自己降温。

豪勇龙背部的帆

shuí shì lù dì shang zuì xiōngměng de shí ròu dòng wù
谁是陆地上最凶猛的食肉动物？

lù dì shang zuì xiōngměng de shí ròu dòng wù dāng rán yào shǔ bào jūn
陆地上最凶猛的食肉动物当然要数暴君

xī yì bà wánglóng tā shì zuì dǐng jí de lüè shí zhě yā zuǐ lóng
蜥蜴——霸王龙，它是最顶级的掠食者，鸭嘴龙

lèi kǒnglóng jiù shì tā men de pánzhōngcān
类恐龙就是它们的盘中餐。

tā de xíngdòngxùn sù mǐn jié tóng shí jù yǒu
它的行动迅速、敏捷，同时具有

jīng rén de yǎo hé lì bù fèi chuī huī zhī lì jiù
惊人的咬合力，不费吹灰之力就

kě yǐ jiāng liè wù zhì yú sǐ dì
可以将猎物置于死地。

霸王龙

bà wáng lóng zhǎng shén me yàng
霸王龙长什么样？

bà wáng lóng tǐ xíng yòu gāo yòu biǎn yǎn jīng hěn dà yǎn kuàng tuǒ yuán xíng yī gè hěn dà de tóu zuì cháng kě dá mǐ tóu gǔ hěn zhòng yá chǐ jí wéi fā dá bà wáng lóng yāo shang hái yǒu yī quān yāo dài zhěng gè shēn tǐ gòu zào shí fēn jǐn còu yǒu xíng bù kuì wéi zhōng jí shā shǒu

霸王龙体型又高又扁，眼睛很大，眼眶椭圆形，一个很大的头，最长可达1.58米，头骨很重，牙齿极为发达。霸王龙腰上还有一圈腰带，整个身体构造十分紧凑有型，不愧为“终极杀手”。

霸王龙

bà wáng lóng de qián zhī wèi shén me hěn duǎn xiǎo
霸王龙的前肢为什么很短小？

xiāng duì yú bà wáng lóng dà ér qiáng zhuàng de hòu zhī ér yán tā de qián zhī jiù xiǎn de fēi cháng duǎn xiǎo le jī hū gēn rén de shǒu bì yī yàng cháng zhè shì yīn wèi zài bà wáng lóng cháng qī de jìn huà zhōng jīng cháng yòng hòu zhī lái pǎo bù shǐ de hòu zhī fēi cháng de qiáng zhuàng màn màn de qián zhī de zuò yòng jiù kāi shǐ biàn xiǎo jìn ér tuì huà

相对于霸王龙大而强壮的后肢而言，它的前肢就显得非常短小了，几乎跟人的手臂一样长。这是因为在霸王龙长期的进化中经常用后肢来跑步，使得后肢非常的强壮，慢慢地，前肢的作用就开始变小进而退化。

正在追赶猎物的霸王龙

bà wáng lóng néng zài yè jiān bǔ liè ma
霸王龙能在夜间捕猎吗？

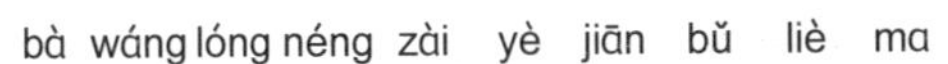

mǐn ruì de guānchá lì líng mǐn de xiù jué dōu gěi bà wánglóng zài yè jiān bǔ shí tí gōng le yōu yuè de tiáo jiàn dāng yè mù jiàng lín zhōuwéi jìng jì wú shēng bà wánglóngqiāoqiāoqián fú tū rán fā xiàn le zhèng zài shú shuì de liè wù tā jiù huì qiāoqiāo de shàngqián yǐ xùn léi bù jí yǎn ěr zhī shì jiāng qí zhuā bǔ rán hòu bǎo cān yī dùn

敏锐的观察力、灵敏的嗅觉都给霸王龙在夜间捕食提供了优越的条件。当夜幕降临，周围静寂无声，霸王龙悄悄潜伏，突然发现了正在熟睡的猎物，它就会悄悄地上前，以迅雷不及掩耳之势将其抓捕，然后饱餐一顿。

灵敏的霸王龙

nǐ zhī dào xùn měng lóng de shēng huó xí xìng ma
你知道迅猛龙的生活习性吗？

xùn měng lóng tōng cháng shēng huó zài bǐ jiào shī
迅猛龙通常生活在比较湿
rùn de huán jìng zhōng tā hěn jiǎo huá wǎng wǎng xuǎn zé
润的环境中，它很狡猾，往往选择
dà bù fen dòng wù chǔ zài fán zhí qī de yǔ jì bǔ
大部分动物处在繁殖期的雨季捕
liè xùn měng lóng huì zài liè wù pín pín chū mò de
猎。迅猛龙会在猎物频频出没的
shā qiū lín dì biān yuán huò gù dìng shuǐ yuán jìn xíng
沙丘、林地边缘，或固定水源进行
mái fu děng dào liè wù bī jìn de shí hou jí tǐ xíng
埋伏，等到猎物逼近的时候集体行
dòng jiāng zhī tuán tuán wéi zhù zuì hòu jiāng tā men shā sǐ
动将之团团围住，最后将它们杀死。

迅猛龙

tiě tóu xiǎo zi zhǒng tóu lóng hěn chǒu ma
“铁头小子”肿头龙很丑吗？

tiě tóu xiǎo zi què shí hěn chǒu zhǒng tóu lóng de tóu lú bèi hòu
“铁头小子”确实很丑。肿头龙的头颅被厚
dá lí mǐ hòu de gǔ bǎn fù gài yīn cǐ tā de tóu bù huì fēi
达23～25厘米厚的骨板覆盖，因此它的头部会非
cháng jiān yìng bèi chēng wéi tiě tóu xiǎo zi zuì zhòng yào de shì zài
常坚硬，被称为“铁头小子”。最重要的是，在
tā de lú dǐng hòu fāng yǒu gè
它的颅顶后方有个
gǔ zhì liú kuài ér kǒu bí bù
骨质瘤块，而口鼻部
hái yǒu wǎng shàng qiào de duǎn gǔ
还有往上翘的短骨
zhì jiǎo zài wǒ men kàn lái zhè xiē
质角，在我们看来这些
zhì jiǎo què shí fēi cháng de chǒu
质角确实非常的“丑”。

肿头龙

zhǒng tóu lóng chī shén me

肿头龙吃什么？

zhǒng tóu lóng de yá chǐ bǐ jiào ruì lì dàn xiǎo ér yǒu jǐ zhè yàng
肿头龙的牙齿比较锐利，但小而有脊，这样
de yá chǐ shì bù néng jiáo làn xiān wéi fēng fù de jiān rèn zhí wù de suǒ
的牙齿是不能嚼烂纤维丰富的坚韧植物的。所
yǐ zhǒng tóu lóng de shí pǔ shang kě néng bāo kuò le zhè yàng yī xiē shí wù zhǒng
以肿头龙的食谱上可能包括了这样一些食物种
lèi zhí wù zhǒng zi guǒ shí hé róu ruǎn de yè zi děng dāng shí de kūn
类：植物种子、果实和柔软的叶子等，当时的昆
chóng yě shì tā de shí wù lái yuán zhī yī
虫也是它的食物来源之一。

nǐ niǎo lóngzhǎng de xiàng niǎo ma
拟鸟龙长得像鸟吗？

nǐ niǎolóng tóu bǐ jiào xiǎo qí zhōngduō shùzhǒng lèi shàng xià hé méi yǒu yá chǐ jiǎo bù
拟鸟龙头比较小，其中多数种类上下颌没有牙齿，脚部
xì cháng yǒuchángcháng de wěi ba zhǎng de hěnxiàngniǎo lèi bìng qiě hé niǎo yī yàng yǐ kūnchóng
细长，有长长的尾巴，长得很像鸟类，并且和鸟一样以昆虫
wéi shí yī dù bèi rèn wéi shì niǎo lèi de jìn qīn
为食，一度被认为是鸟类的近亲。

yī shuāng dà yǎn jingjiǒngjiǒngyǒushén shǐ tā jù yǒu
一双大眼睛炯炯有神，使它具有
kāi kuò de shì yě zhèyàng jiù kě yǐ gènghǎo de
开阔的视野，这样就可以更好地
huódòng le
活动了。

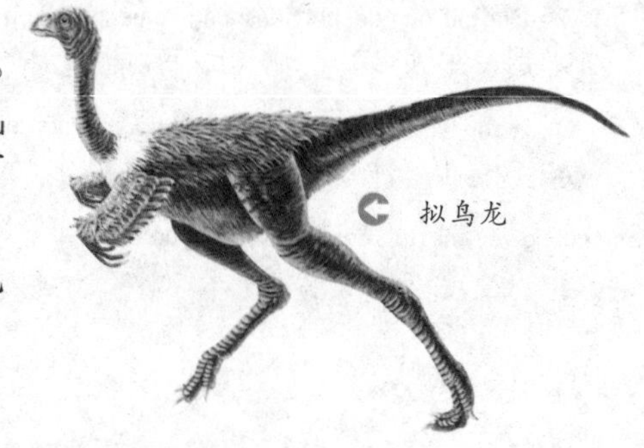

拟鸟龙

似鸟龙

nǐ niǎo lóng chī shén me
拟鸟龙吃什么？

nǐ niǎolóng xǐ huan chī dà zá huì jì chī zhí
拟鸟龙喜欢吃“大杂烩”，既吃植
wù yòu bǔ shí kūnchóng hé yī xiē xiǎodòng wù ǒu ěr
物，又捕食昆虫和一些小动物，偶尔
chī chī zhí wù de guǒ zi gāo xìng de shí hou nǐ niǎo
吃吃植物的果子。高兴的时候，拟鸟
lóng hái huìyòng tā tè shū de huì zài zhǎo zé huò
龙还会用它特殊的喙，在沼泽或
hú pō xī liú zhōng chī yī xiē fú yóushēng wù hé
湖泊溪流中吃一些浮游生物和
shuǐ lǐ de xiǎodòng wù
水里的小动物。

yā zuǐ lóng de dǐng shì yǒu shén me zuò yòng

鸭嘴龙的顶饰有什么作用？

yā zuǐ lóng de dǐng shì kě yǐ yòng lái fáng yù dí rén zài yù dào wēi xiǎn shí yòng dǐng shì dǐng dí rén bǎ tā men gǎn pǎo dào le fán zhí shí jié yā zuǐ lóng hái bǎ dǐng shì zuò wéi qiú ǒu gōng jù yòng tā lái xī yǐn piàoliang de yì xìng

鸭嘴龙的顶饰可以用来防御敌人，在遇到危险时用顶饰“顶”敌人，把它们赶跑。到了繁殖时节，鸭嘴龙还把顶饰作为求偶工具，用它来吸引漂亮的异性。

鸭嘴龙

yǒu xiē zhǒng lèi de yā zuǐ lóng de dǐng shì běn shì gèng dà kě yǐ yǔ bí qiāng xiāng tōng yòng lái cún chǔ kōng qì

有些种类的鸭嘴龙的顶饰本事更大，可以与鼻腔相通，用来存储空气。

yā zuǐ lóng shēng huó zài shén me dì fang

鸭嘴龙生活在什么地方？

yā zuǐ lóng chū mò yú yì nián qián de bái è jì wǎn qī zhèng shì kǒng lóng fā zhǎn de dǐng shèng shí qī suǒ yǐ tā men de shù liàng hěn duō zài nà ge shí qī lù dì miàn jī zài bù duàn de kuò dà zhǎo zé hú pō hěn duō yǒu huā de bèi zǐ zhí wù kāi shǐ fán mào qǐ lái yǐ zhè xiē shí wù wéi shēng de yā zuǐ lóng jiù kě yǐ dà bǎo kǒu fú le

鸭嘴龙出没于1亿年前的白垩纪晚期，正是恐龙发展的鼎盛时期，所以它们的数量很多。在那个时期，陆地面积在不断地扩大，沼泽、湖泊很多，有花的被子植物开始繁茂起来，以这些食物为生的鸭嘴龙就可以大饱口福了。

鸭嘴龙

慈母龙如何抚养幼崽？

当小慈母龙出世后，慈母龙妈妈会照顾这些小宝宝。小慈母恐龙很好养活，什么都吃，不管是水果还是植物种子。慈母龙爸爸妈妈们先将坚硬的植物嚼碎，然后再喂给小慈母龙。小恐龙一直在“家”中生活，直到它们能离开家自己出去寻找食物为止。

慈母龙

jǐ lóng shì rú hé bèi fā xiàn de
戟龙是如何被发现的？

jǐ lóng de dì yī kuài huà shí shì zài jiā ná dà de yī gè kǒnglóng
戟龙的第一块化石是在加拿大的一个恐龙
gōngyuán nèi bèi rén wú yì jiān fā xiàn de suí hòu
公园内被人无意间发现的，随后，
rén men yòu zài zhè ge dì fang bù duàn de fā jué zhǎo
人们又在这个地方不断地发掘，找
dào le gèngduōguān yú jǐ lóng de zōng jì hòu lái zhèng shí
到了更多关于戟龙的踪迹，后来证实，
jǐ lóngyōngyǒu jiē shi de è bù jiàoduǎn de chǐ gǔ děng tè diǎn
戟龙拥有结实的颚部、较短的齿骨等特点。

戟龙

jǐ lóng shì rú hé fáng yù hé jìn gōng dí hài de
戟龙是如何防御和进攻敌害的？

jǐ lóng de dà xíng bí jiǎo yǔ tóu dùn shì suǒ yǒukǒnglóng zhī zhōng zuì tè shū de miàn bù
戟龙的大型鼻角与头盾，是所有恐龙之中最特殊的面部
zhuāngshì wù zhī yī tóng shí yě shì jǐ lóng jìn xíng zì shēnfáng yù de dú yī wú èr de fǎ bǎo
装饰物之一，同时也是戟龙进行自身防御的独一无二的法宝，
zài yù jiàn dí rén huò zhě wēi xiǎn de zhuàngkuàng shí tā men huì lì yòngzhè xiē bí jiǎo hé tóu dùn
在遇见敌人或者危险的状况时，它们会利用这些鼻角和头盾
lái dǐ kàng duì fāng bǎo hù zì jǐ cóng ér huà xiǎn wéi yí
来抵抗对方，保护自己，从而“化险为夷”。

被戟龙的鼻角顶中将是致命伤，很多时候戟龙不用参战，只需要晃晃满头的尖角就能吓退多数进攻者。

窃蛋龙

窃蛋龙真的窃蛋吗？

qiè dàn lóng zhēn de qiè dàn ma

rén men dì yī cì fā xiàn qiè dàn lóng de huà shí shí tā de gǔ jià
人们第一次发现窃蛋龙的化石时，它的骨架
zhèng pā zài yī wō yuán jiǎo lóng de dàn shang dāng shí rén men cāi xiǎng tā zhèng
正趴在一窝原角龙的蛋上。当时人们猜想它正
zài tōu kǒng lóng dàn yīn cǐ gěi tā qǔ le gè qiè dàn lóng de míng zi
在偷恐龙蛋，因此给它取了个“窃蛋龙”的名字。
nà me qiè dàn lóng zhēn de shì gè xiǎo tōu ma hòu lái zhèng shí nà xiē
那么窃蛋龙真的是个“小偷”吗？后来证实，那些
dàn shì tā men zì jǐ chǎn de
蛋是它们自己产的。

qiè dàn lóng shì zá shí kǒng lóng ma

窃蛋龙是杂食恐龙吗？

qiè dàn lóngzhǎngzhe niǎo huì shì
窃蛋龙长着鸟喙似
de zuǐ liǎngbiānliǎng gè gǔ zhì
的嘴，两边两个骨质
jiān jiǎo jiù xiàng yī duì fēng lì
尖角，就像一对锋利
de yá chǐ zhè yù shì le tā
的牙齿，这预示了它
shì zá shí xìngkǒnglóng qiè dàn
是杂食性恐龙。窃蛋
lóng de yǐn shí jiǎng jiū hūn sù dā pèi zhí wù guǒ shí yǒngyuǎn shì tā de zhǔ
龙的饮食讲究荤素搭配：植物果实永远是它的主
xuǎn jiē xià lái jiù shì yī xiē kūnchóng ruǎn tǐ lèi dòng wù hé fǔ ròu le
选，接下来就是一些昆虫、软体类动物和腐肉了。

窃蛋龙

màn lóng de míng zi shì zěn me lái de

慢龙的名字是怎么来的？

mànlóng dà tuǐ bǐ xiǎo tuǐ cháng jiǎo bǎn yòukuānyòuduǎn zhèyàng de shēn tǐ tiáo jiàn shǐ
慢龙大腿比小腿长，脚板又宽又短。这样的身体条件使
dé tā zhǐ néngyǎn bā ba de kàn zhe bié de kǒnglóng bēn pǎo tā men jiàn jiànyǎngchéng le mànxìng
得它只能眼巴巴地看着别的恐龙奔跑。它们渐渐养成了慢性
zi zǒng shì bù huāng bù jí gèng xí guàn lǎn yángyáng de sàn
子，总是不慌不急，更习惯懒洋洋地散
bù chéng le kǒnglóng lǐ de dàn dìng gē yīn cǐ bèi chēng
步，成了恐龙里的“淡定哥”，因此被称
wéi mànlóng
为“慢龙”。

慢龙

三角龙的体型有什么特征？

三角龙最大的特征是它的头盾——三角结构，可达体长的1/3。它身体结实、四肢强壮、脚趾分布不一。三角龙体型中等，由于头比较沉，前肢从胸部往两侧伸展，帮助头部承担重量。

三角龙的体型

三角龙的角是用来干什么的？

三角龙的三只角是用来抵抗掠食者的有力武器。当敌人靠近它时，机警的三角龙会迅速调整姿势，头对着敌人的方向快速冲过去，杀对手个措手不及。三角龙的角还是力量和权势的象征，就像现代驯鹿、山羊、独角仙的角一样。

三角龙

三角龙的角是实心的骨头长出来了，因此可能有强大的破坏力。

sān jiǎo lóng shì jiǎo zuì cháng de kǒng lóng ma
三角龙是角最长的恐龙吗？

sān jiǎo lóng zuì xiǎn zhù de tè zhēng shì tā jù yǒu tóu dùn de dà xíng tóu lú tā men de tóu dùn kě zhǎng zhì mǐ duō kě yǐ dá dào zhěng gè shēn cháng de sān jiǎo lóng sān gè jiǎo qí shí zhǐ shì jiǎo zhuàng wù tā de kǒu bí bù bí kǒng shàng fāng yǒu yī gēn zài yǎn jing shàng fāng hái yǒu yī duì jiǎo zhuàng wù kě cháng dá mǐ kě wèi jiǎo zuì cháng de kǒng lóng

三角龙最显著的特征是它具有头盾的大型头颅，它们的头盾可长至2米多，可以达到整个身长的1/3。三角龙三个角其实只是角状物，它的口鼻部鼻孔上方有一根，在眼睛上方还有一对角状物，可长达1米，可谓角最长的恐龙。

原角龙是素食恐龙吗？

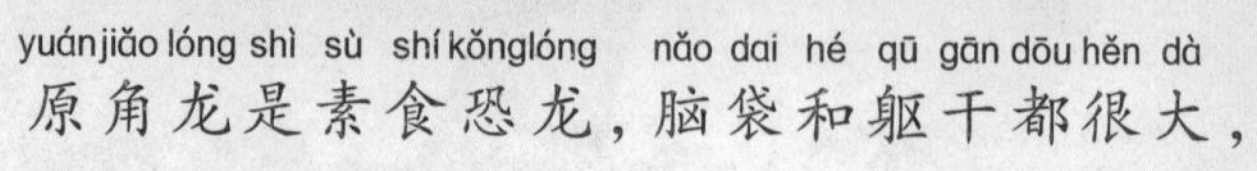

原角龙是素食恐龙，脑袋和躯干都很大，它的喙长得像鸟的一样，嘴的前部没有牙，但在嘴里两侧有很多列牙齿，采食植物的枝叶以及多汁的茎根，即使坚硬一点的植物，这些牙齿也能逐层咀嚼并消灭掉，可谓是素食恐龙里的“佼佼者”了。

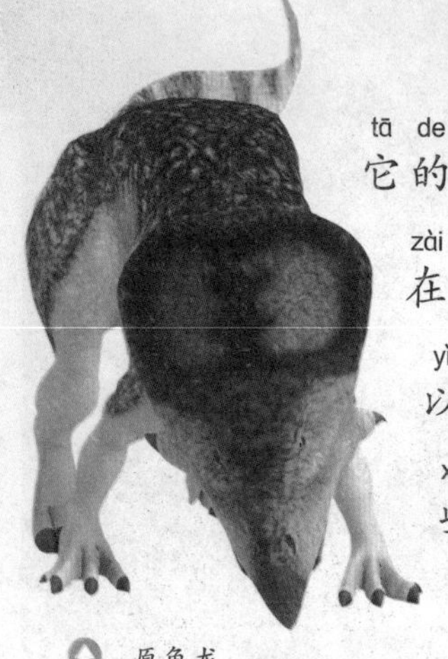

原角龙

你知道萨尔塔龙的身体特征吗？

萨尔塔龙又名索他龙，意思是“萨尔塔省的蜥蜴”，生存于晚白垩纪。它长约12米，拥有像梁龙那样的头部，长长的脖颈，背部还长有背甲和较长的尾巴。它的牙齿长得钝钝的，藏在嘴里面靠后的位置，不利于咀嚼肉类，所以是一种植食性恐龙。

萨尔塔龙

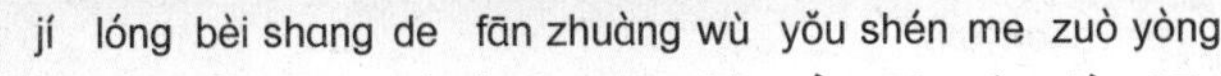

jí lóng bèi shang de fān zhuàng wù yǒu shén me zuò yòng

棘龙背上的帆状物有什么作用？

jí lóng de bèi shang zhǎng zhe yī gè xiàng fān yī yàng de dōng xi zhè
棘龙的背上长着一个像帆一样的东西，这
gè fān zhuàng wù kě yǐ xī shōu tài yáng guāng shǐ shēn tǐ xuè yè wēn dù shēng
个帆状物可以吸收太阳光，使身体血液温度升
gāo shēn tǐ líng huó dù zēng jiā zhè yàng jí lóng biàn kě yǐ zài qí tā kǒng
高，身体灵活度增加，这样棘龙便可以在其他恐
lóng shēn tǐ xuè yè wēn dù hái méi yǒu shēng gāo zhī qián jiù gōng jī tā men
龙身体血液温度还没有升高之前就攻击它们。
zài qiú ǒu jì jié shí zhè yàng de fān zhuàng wù hái yòng lái xī yǐn yì xìng
在求偶季节时，这样的帆状物还用来吸引异性，
kǒng lóng men hù xiāng pān bǐ shuí de fān dà shuí jiù kě yǐ zhēng qǔ dào pèi ǒu
恐龙们互相攀比，谁的帆大谁就可以争取到配偶。

棘龙

sì ér miáo lóng chī shén me
似鸸鹋龙吃什么？

sì ér miáolóng shì yī zhǒng zá shí xìng de kǒnglóng yǒu yán jiū zhǐ chū tā de tǐ xíng shì
似鸸鹋龙是一种杂食性的恐龙，有研究指出它的体型适
hé kuài sù bēn pǎo yīn cǐ gèng shì hé cǎo shí xìng de shēnghuó shí jì shang kūnchóng dàn
合快速奔跑，因此更适合草食性的生活。实际上，昆虫、蛋、
xī yì yǔ xiǎo xíng bǔ rǔ dòng wù děng ròu shí lèi
蜥蜴与小型哺乳动物等肉食类
yě dōu shì tā de měi shí ér qiě tā de yǎn
也都是它的美食。而且，它的眼
jing jù yǒu mǐn ruì de shì jué jí yǒu kě néng zài yè
睛具有敏锐的视觉，极有可能在夜
jiān chū mò bǔ shí
间出没捕食。

似鸸鹋

fù zhì lóng qí tè de tóu guān yǒu shén me zuò yòng
副栉龙奇特的头冠有什么作用？

fù zhì lóng qí tè de tóu guān kě yǐ zuò wéi biàn bié wù zhǒng de shì
副栉龙奇特的头冠可以作为辨别物种的视
jué zhǎn shì wù jiù xiàng kǒngquè de píng hái kě yǐ yòng lái qū fēn cí
觉展示物，就像孔雀的屏，还可以用来区分雌
xióng tóng shí tā de tóu guān jù yǒu fā shēng gōng néng dāng tóng lèi zhǒng
雄。同时它的头冠具有发声功能，当同类种
qún yù dào wēi xiǎn de shí hou fù zhì lóng tōng guò tóu guān fā chū shēng yīn
群遇到危险的时候，副栉龙通过头冠发出声音
tí xǐng tóng bàn yǒu wēi xiǎn lín jìn yǐ bǎo zhèng duì yǒu de ān quán
提醒同伴有危险临近，以保证队友的安全。

fù zhì lóng shì sù shí kǒng lóng ma
副栉龙是素食恐龙吗？

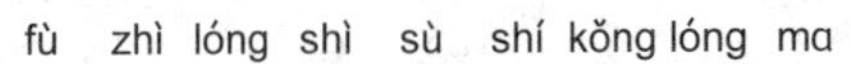

fù zhì lóng shì dà xíng kǒng lóng jù yǒu fù zá de tóu lú gǔ shàn
副栉龙是大型恐龙，具有复杂的头颅骨，擅

cháng jìn xíng lèi sì jǔ jué de mó suì yùn dòng suǒ yǐ shì yī zhǒng sù shí
长进行类似咀嚼的磨碎运动，所以是一种素食

kǒng lóng jìn shí shí fù zhì lóng huì yòng tā de huì zhuàng zuǐ lái qiē gē
恐龙。进食时，副栉龙会用它的喙状嘴来切割

zhí wù rán hòu shǐ yòng yá chǐ mó suì tā men fù zhì lóng yǒu shù bǎi kē
植物，然后使用牙齿磨碎它们。副栉龙有数百颗

yá chǐ què zhǐ yǒu shǎo liàng yá chǐ shì yī zhí zài shǐ yòng de
牙齿，却只有少量牙齿是一直在使用的。

副栉龙

jiǎ lóng shì rú hé bèi fā xiàn de
甲龙是如何被发现的？

nián měi guó gǔ shēng wù xué jiā bā nà mǔ bù lǎng dài
1906年，美国古生物学家巴纳姆·布朗，带
lǐng yán jiū duì zài méng dà ná zhōu de dì yù xī dì céng fā xiàn le dà miàn
领研究队在蒙大拿州的地狱溪地层发现了大面
jī kǒng lóng huà shí zhè xiē huà shí zhōng yǒu tóu lú gǔ de dǐng bù jǐ
积恐龙化石。这些化石中有头颅骨的顶部、脊
gǔ lèi gǔ bù fen jiān jiǎ gǔ jí zhuāng jiǎ hòu lái zhèng míng zhè xiē shì
骨、肋骨、部份肩胛骨及装甲，后来证明这些是
jiǎ lóng de huà shí zài zhè zhī hòu bù lǎng zài huái é míng zhōu de lán sī
甲龙的化石。在这之后，布朗在怀俄明州的兰斯
dì céng fā xiàn le lìng yī zhī dà xíng de jiǎ lóng huà shí
地层发现了另一只大型的甲龙化石。

甲龙

jiǎ lóng chī shén me
甲龙吃什么？

jiǎ lóng yī bān yǒu wǔ liù mǐ cháng zhōngděng tǐ xíng shì yī zhǒng
甲龙一般有五六米长，中等体型，是一种
shēn pī kǎi jiǎ zhànpáo de kǒnglóng tā menzhǎngzhe xiǎo shù yè yī yàng
身披“铠甲战袍”的恐龙。它们长着小树叶一样
de yá chǐ shì hé niè suì yī xiē yì xiāo huà bù guò fèn jiān yìng de zhí
的牙齿，适合啮碎一些易消化，不过分坚硬的植
wù zhū rú yī xiē zhí wù de gēn jīng shù yè yǐ jí dì shangnèn nèn de
物，诸如一些植物的根茎树叶，以及地上嫩嫩的
xiǎo cǎo
小草。

甲龙是一类以植物为食、全身披着“铠甲”的恐龙，生存于白垩纪晚期。

jiǎ lóng de wěi ba yǒu shén me zuò yòng
甲龙的尾巴有什么作用？

jiǎ lóng de wěi ba xiàng yī bǎ bàngchui zài jiǎ lóng zì shēnshòudào wēi
甲龙的尾巴像一把棒槌，在甲龙自身受到危
xiǎn huògōng jī shí tā men de bàngchui wěi ba jiù shì
险或攻击时，它们的棒槌尾巴就是
yī gè hěn hǎo de fáng yù wǔ qì jiǎ lóngnéng
一个很好的防御武器。甲龙能
gòujiāng lì liàngchuán zhì wěi ba rán hòujiāngwěi
够将力量传至尾巴，然后将尾
ba yòng lì shuǎichū qù duì shī xí zhě de gǔ
巴用力甩出去，对施袭者的骨
tou jìn xíngzhòng jī jiāng dí rén cuò bài gǎn pǎo
头进行重击，将敌人挫败赶跑，
jìn ér bǎo hù zì jǐ
进而保护自己。

甲龙的尾巴

你听过真板头龙吗？

真板头龙成群结队地漫游在森林中，啃食低矮的植物。它身上布满了大大小小的棘刺和大块的角质板，僵硬的尾巴末端还长有一个硕大的尾槌。在受到攻击时，它会在原地打转，最后向对手发出毁灭性的一击。

真板头龙

山东龙是在中国山东发现的吗？

在山东省诸城市的王氏组地层中，科学家发现了一具大型动物的化石，经过研究确定它是恐龙，并命名为山东龙，后来当地的人们也给这个地方取了一个好听的名字——龙骨涧。长期以来，当地居民在溪涧之中捡到了许多恐龙骨骼化石。

山东龙

xiǎo guì zú lóng chī shén me
小贵族龙吃什么？

xiǎo guì zú lóng shì yī zhǒng méi yǒu guān zhuàng dǐng shì de yā zuǐ lóng
小贵族龙是一种没有冠状顶饰的鸭嘴龙
kē dòng wù tā shì diǎn xíng de sù shí kǒng lóng
科动物。它是典型的素食恐龙，
ròu lèi duì tā lái shuō méi yǒu shén me
肉类对它来说没有什么
xī yǐn lì zhí wù shù
吸引力，植物树
yè guǒ shí huò zhǒng
叶、果实或种
zi zài tā kàn lái cái shì shàng děng de měi wèi jiā yáo
子在它看来才是上等的美味佳肴。

小贵族龙

sì jī lóng rú hé bǔ shí
似鸡龙如何捕食？

sì jī lóng yǒu liǎng zhī duǎn duǎn de gē bo zhī duān hái zhǎng zhe sān gè kě ài de xiǎo zhuǎ
似鸡龙有两只短短的胳膊，肢端还长着三个可爱的小爪
zi yīn wèi zhuǎ zi bù gòu fēng lì sī bù kāi ròu suǒ yǐ tā zhǐ néng pài shàng zhè yàng de yòng
子。因为爪子不够锋利，撕不开肉，所以它只能派上这样的用
chǎng yòng zhuǎ bō kāi ní tǔ wā chū dàn lái zuò wéi shí wù duō shù qíng kuàng xià sì
场——用爪拨开泥土，挖出蛋来作为食物。多数情况下，似
jī lóng jiù zhǐ duì nèn nèn de zhí wù hé xiǎo kūn chóng gǎn xìng qù
鸡龙就只对嫩嫩的植物和小昆虫感兴趣。

似鸡龙

与恐龙同行 »»

恐龙虽然是地球的霸主，但是，无论在刚刚兴起的三叠纪，还是极盛时期的侏罗纪，或者毁于一旦的白垩纪，伴随恐龙共生除了各种各样的地貌，还有古老的植物、低等的爬行动物、哺乳生物、海洋生活。它们一路风风雨雨，陪伴着恐龙的兴盛和衰亡。

kǒng lóng shí dài dōu yǒu shén me dòng wù
恐龙时代都有什么动物？

kǒnglóngshēnghuó zài zhōngshēng dài yě jiù shì yì wànniánqián dào wànniánqián
恐龙生活在中生代，也就是2.5亿万年前到6500万年前
de zhèduàn shí jiān zài zhèduàn shí jiān lǐ yě cún zài zhe yī xiē qí tā de dòng wù bǐ rú
的这段时间。在这段时间里，也存在着一些其他的动物，比如
shǐ zǔ niǎo liǎng qī dòng wù yú lèi hé zǎo qī bǔ rǔ dòng wù děng qí zhōng hái yǒu yī xiē kǒng
始祖鸟、两栖动物、鱼类和早期哺乳动物等。其中还有一些恐
lóng de qīn qi bāo kuò shé jǐng lóng yú lóngděngshuǐshēng pá xíngdòng wù zài nà ge shí dài
龙的亲戚——包括蛇颈龙、鱼龙等水生爬行动物，在那个时代
tā men bǐ cǐ gònghuànnàn
它们彼此“共患难”。

kǒng lóng shí dài dōu yǒu shén me zhí wù
恐龙时代都有什么植物？

kǒnglóng shí qī zhǎng lǎo jí bié de zhí wù shì jué lèi zhí wù rán ér chángjiānghòu làng
恐龙时期长老级别的植物是蕨类植物，然而“长江后浪
tuī qiánlàng hòu lái luǒ zǐ zhí wù rú sōng bǎi lèi de yǔ shān sū tiě lèi de cè yǔ yè gǔ
推前浪”，后来裸子植物如松柏类的羽杉、苏铁类的侧羽叶、古
yín xìngděng de dì wèi zhú jiànshēnggāo zuì zhōng qǔ dài le jué lèi zhí wù de dì wèi zǔ chéng
银杏等的地位逐渐升高，最终取代了蕨类植物的地位，组成
le mào mì de sēn lín cóng ér tǒng zhì le zhí wù jiè chéngwéi le nà ge shí qī de zhǔ liú
了茂密的森林，从而统治了植物界，成为了那个时期的主流。

苏铁

nǎ xiē zhí wù shì kǒng lóng xǐ huan chī de shí wù

哪些植物是恐龙喜欢吃的食物？

shēng wù jiè yán kù de shēng cún fǎ zé shǐ dà bù fen kǒng lóng zuì
生物界严酷的生存法则使大部分恐龙最
zhōng bù dé bù zǒu shàng chī sù
终不得不走上“吃素”
zhī lù sù shí kǒng lóng xiāng
之路，素食恐龙相
bǐ shí ròu kǒng lóng yǒu gèng fēng
比食肉恐龙有更丰
fù de shí wù xuǎn zé tā
富的食物选择。它
men kě yǐ chī jué lèi sōng
们可以吃蕨类、松
bǎi yín xìng sū tiě děng bù
柏、银杏、苏铁等。不
tóng de kǒng lóng kǒu wèi bù yī yàng bǐ rú jiǎo lóng lèi ài chī sū tiě lèi zhí
同的恐龙口味不一样，比如角龙类爱吃苏铁类植
wù ér yā zuǐ lóng lèi ài chī sōng bǎi lèi zhí wù dàn dà bù fen kǒng lóng
物，而鸭嘴龙类爱吃松柏类植物，但大部分恐龙
xǐ huan nèn nèn de zhí wù
喜欢嫩嫩的植物。

松树

kǒng lóng shí dài de hǎi yáng dòng wù rú hé shēng cún

恐龙时代的海洋动物如何生存？

zài kǒng lóng shí qī yě yǒu dà liàng de hǎi yáng dòng wù bǐ rú yú
在恐龙时期也有大量的海洋动物。比如鱼
lóng wài biǎo hěn xiàng hǎi tún jù yǒu liú xiàn xíng de shēn qū yú lóng chú le
龙，外表很像海豚，具有流线型的身躯，鱼龙除了
wū zéi hái chī yú hé qí tā hǎi yáng dòng wù cāng lóng tā tǐ xíng hòu
乌贼，还吃鱼和其他海洋动物；沧龙，它体型厚
shi yǒu chóng dié lín piàn xiàng qí mán zhè yàng jiù kě yǐ bǎo hù zì jǐ
实、有重叠鳞片，像鳍鳗，这样就可以保护自己。
hái yǒu yī xiē shēng cún zhì jīn de dòng wù rú shēn tǐ róu ruǎn dài ké de
还有一些生存至今的动物，如身体柔软、带壳的
ruǎn tǐ dòng wù yǒu kǒng chóng lèi hái yǒu jí pí lèi dòng wù
软体动物，有孔虫类，还有棘皮类动物。

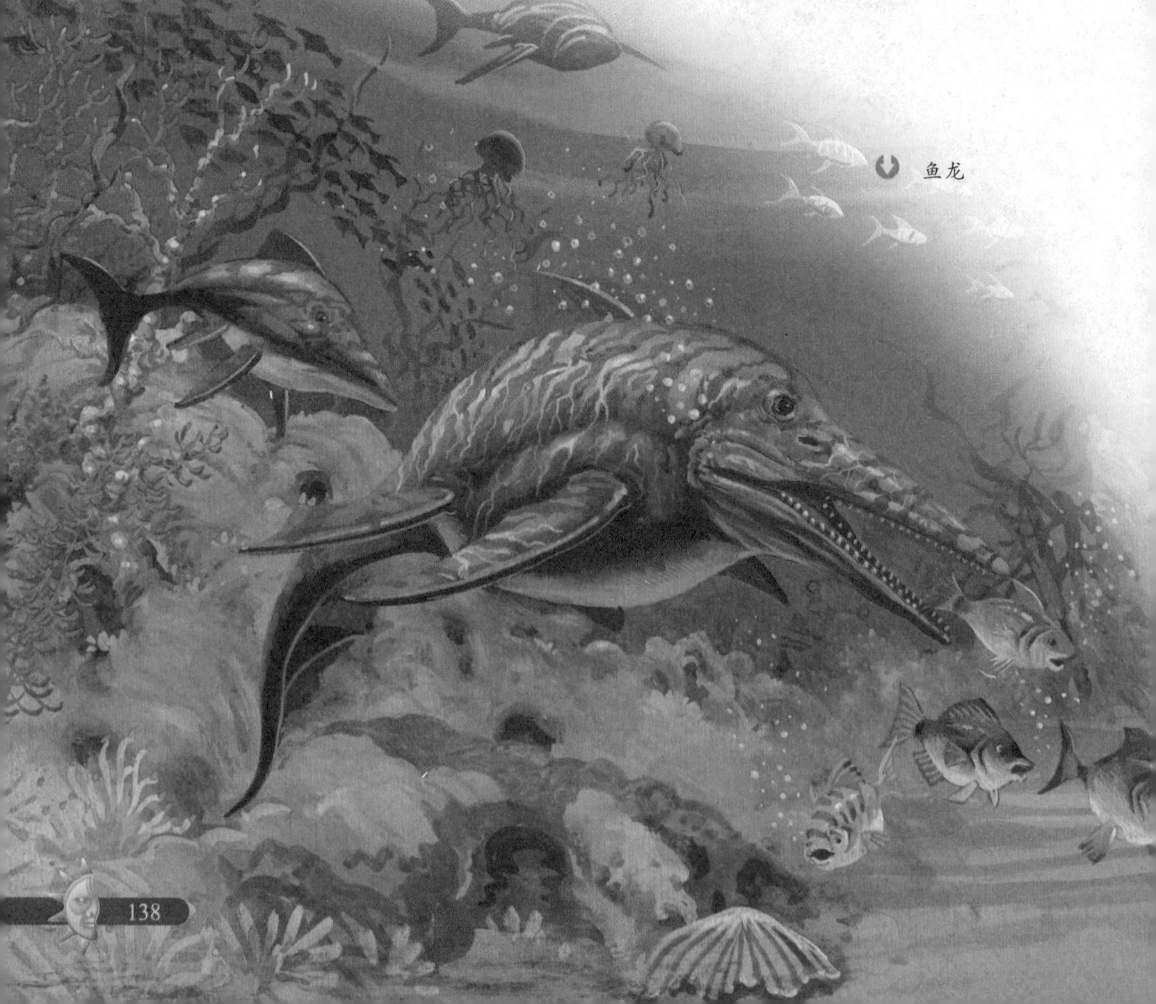
鱼龙

shé jǐng lóng de bó zi dōu hěn cháng ma
蛇颈龙的脖子都很长吗？

zhà yī kàn shé jǐng lóng jiù hǎoxiàng yī tiáo shécóng yī gè bèi tāokōng
乍一看蛇颈龙，就好像一条蛇从一个被掏空
le de wū guī ké lǐ chuānguò yī yàng tā zhǎngzhe xiǎoxiǎo de tóu duǎnduǎn
了的乌龟壳里穿过一样，它长着小小的头，短短
de wěi ba shé jǐng lóng de zhǒng lèi duō ér qiě tǐ xíngpáng dà dàn dōu yǒu
的尾巴，蛇颈龙的种类多而且体型庞大，但都有
yī gè gòngtóng de tè diǎn chángcháng de bó zi bié kàn tā de bó
一个共同的特点——长长的脖子。别看它的脖
zi cháng dàn yí dòng qǐ lái què shì xiāngdāng líng huó dāng bó zi jí dù shēn
子长，但移动起来却是相当灵活，当脖子极度伸
cháng shí kàn qǐ lái jiù gēn yī tiáo shé yī yàng
长时，看起来就跟一条蛇一样。

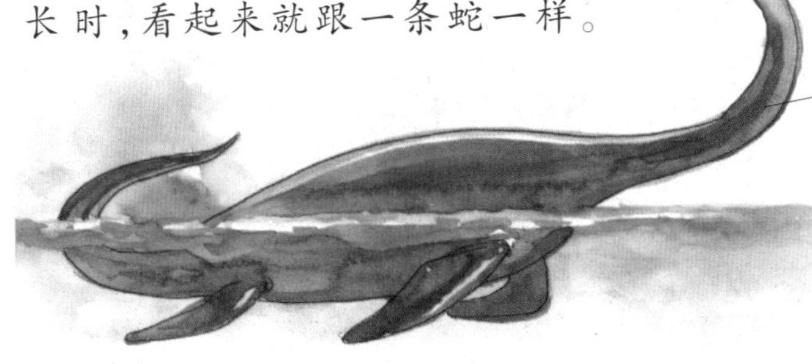

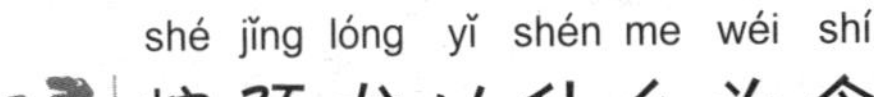

shé jǐng lóng yǐ shén me wéi shí
蛇颈龙以什么为食？

shé jǐng lóng zhǔ yào shēnghuó zài hǎi yáng lǐ zuì chū rén men rèn wéi shé jǐng lóng yǐ yóu yú
蛇颈龙主要生活在海洋里，最初，人们认为蛇颈龙以鱿鱼
hé qí tā yóu shuǐ dòng wù wéi shí dàn hòu lái zài shé jǐng lóng huà shí zhōng fā xiàn qí cháng wèi bù
和其他游水动物为食，但后来在蛇颈龙化石中，发现其肠胃部
fen cán liú bèi lèi dòng wù zhè shuō míng shé jǐng lóng de liè shí
分残留贝类动物，这说明蛇颈龙的猎食
fàn wéi bù jǐn jǐn jú xiàn yú yóu shuǐ yú lèi hái lì yòng
范围不仅仅局限于游水鱼类，还利用
cháng cháng de bó gěng shēn dào hǎi dǐ xún mì gè zhǒng bèi
长长的脖颈伸到海底寻觅各种贝
ké lèi ruǎn tǐ lèi dòng wù
壳类、软体类动物。

蛇颈龙

恐龙时代有哪些昆虫？

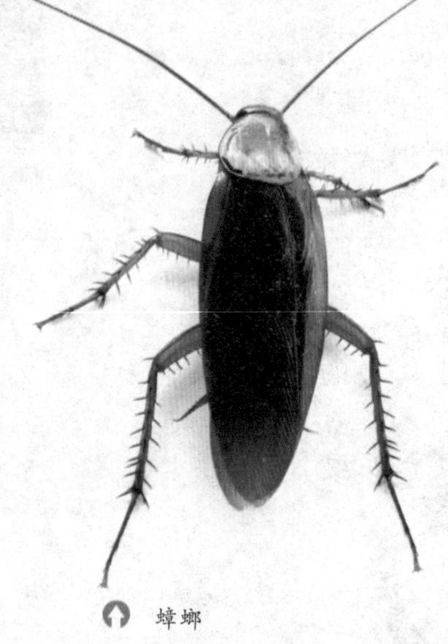

蟑螂

恐龙时代的地面上，蠕动的动物经过进化形成了昆虫，它们被称为古昆虫类。典型的代表有身体纤长的蜻蜓，各种类型的蜘蛛，还有打不绝的小强——蟑螂，科学家们还发现了一种叫蓟马的昆虫，它可以对花进行授粉，汲取树木汁液。

在恐龙时代出现蝴蝶了吗？

蝴蝶是一种很漂亮的昆虫，很多人都非常喜欢它。同时蝴蝶也是一种古老的昆虫。经过科学家对比研究发现，蝴蝶早在6500万年前就已经出现了，也就是说在恐龙横行的年代，漂亮的蝴蝶已经开始翩翩起舞。

蝴蝶

kǒng lóng dōu yǒu nǎ xiē qīn zú

恐龙都有哪些亲族？

kǒnglóng de jìn qīn zì rán jiù shì xī yì le mù qián fā xiàn yī
恐龙的近亲自然就是蜥蜴了。目前发现一
zhǒngjiào zuò kē mó duōlóng de jù xíng xī yì tā yǒu diǎnxiàng è yú
种叫做“科摩多龙”的巨型蜥蜴，它有点像鳄鱼，
jù dà de tóu quánshēndōu shì céngcéng dié dié de chénghuáng sè hòu pí fū
巨大的头，全身都是层层叠叠的橙黄色厚皮肤，
hòumiàn tuō zhe yī gēn féi shuòyǒu lì de chángwěi ba yǔ kǒnglóng shí fēn
后面拖着一根肥硕有力的长尾巴，与恐龙十分
xiāngxiàng xíngdòng qǐ lái hěn shì bà
相像，行动起来很是霸
qì guī biē lèi è lèi yě dōu
气。龟鳖类、鳄类也都
yǔ kǒnglóng yǒu zhe hěnshēn de xuè
与恐龙有着很深的血
yuánguān xì shǔ yú kǒnglóng dà jiā
缘关系，属于恐龙大家
zú de yī fèn zǐ
族的一份子。

乌龟

kǒng lóng yǔ niǎo lèi yǒu qīn yuán guān xì ma

恐龙与鸟类有亲缘关系吗？

niǎo lèi shì cóng pá xíng lèi jìn huà lái de guān yú niǎo lèi de
鸟类是从爬行类进化来的。关于鸟类的
qǐ yuán yǒu yī zhǒng shuō fǎ shì kǒnglóng qǐ yuánshuō rèn wéi
起源有一种说法是恐龙起源说：认为1996
nián zài zhōngguó liáo xī fā xiàn de zhōnghuá lóngniǎo shì zuì yuán shǐ
年在中国辽西发现的中华龙鸟是最原始
de niǎo lèi ér zhōnghuá lóngniǎo jù yǒu xiǎo xíng shòu jiǎo lèi kǒng
的鸟类，而中华龙鸟具有小型兽脚类恐
lóng de tè diǎn zhè jiù zhèngmíng kǒnglóng hé niǎo lèi zhī jiān
龙的特点。这就证明恐龙和鸟类之间
yǒu mì qiè de guān xì
有密切的关系。

中华龙鸟化石

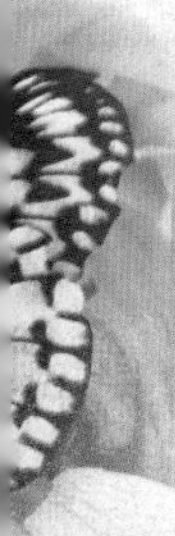

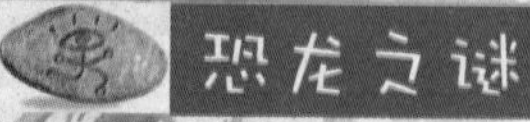

shǐ zǔ niǎo shì zuì zǎo de niǎo lèi ma
始祖鸟是最早的鸟类吗？

shǐ zǔ niǎo shì zuì yuán shǐ de niǎo lèi zài gǔ xī là wénzhōng shǐ
始祖鸟是最原始的鸟类，在古希腊文中“始
zǔ shì gǔ dài yǔ máo huò gǔ dài chì bǎng de yì si gù yòumíng
祖”是“古代羽毛”或“古代翅膀”的意思，故又名
gǔ yì niǎo shì chū xiàn yú zhū luó jì wǎn qī de ròu shí lèi dòng wù shǐ
古翼鸟，是出现于侏罗纪晚期的肉食类动物。始
zǔ niǎo de dà xiǎo jí xíngzhuàng yǔ xǐ quèxiāng sì yǒu yī tiáo gǔ zhì wěi
祖鸟的大小及形状与喜鹊相似，有一条骨质尾
ba yòu kuò yòuyuán de chì bǎng shēncháng shí kě yǐ dá dào bàn mǐ
巴，又阔又圆的翅膀，伸长时可以达到半米。

shǐ zǔ niǎo huì fēi ma
始祖鸟会飞吗？

yào bǎo cún yī gè niǎo zài kōngzhōng fēi xíng de huà shí shì hěn nán de suǒ yǐ xiàn zài méi
要保存一个鸟在空中飞行的化石是很难的，所以现在没
yǒu rèn hé zhèng jù kě yǐ zhèngmíng shǐ zǔ niǎo huì fēi bù guò shǐ zǔ niǎo huì zài lù dì shang
有任何证据可以证明始祖鸟会飞。不过，始祖鸟会在陆地上
bēn pǎo huò zàn zhù yǐ sōu xún shí wù dāngyǒu yào liè shí tā de dòng wù chū xiàn shí jiù huì
奔跑或暂住，以搜寻食物。当有要猎食它的动物出现时，就会
qiāoqiāo de zài qiǎnshuǐmiànshanghuá xíng yǐ dào dá ān quán de dì fang huò shì yóuqiào bì shùshāo
悄悄地在浅水面上滑行以到达安全的地方，或是由峭壁、树梢
fǔ chōng zhì gèngyuǎn de dì fang dàn zhè xiē dōu bù shì yán gé yì yì shang de fēi xiáng
俯冲至更远的地方，但这些都不是严格意义上的“飞翔”。

飞翔的始祖鸟

shǐ zǔ niǎo shì zài nǎ lǐ bèi fā xiàn de
始祖鸟是在哪里被发现的？

shǐ zǔ niǎo huà shí fā xiàn yú nián dé guó de yī gè jiù cǎi shí chǎng shǐ zǔ niǎo de fā xiàn bèi chēng wéi shì yī gè qí jì yīn wèi yuǎn gǔ shí qī niǎo lèi de huà shí yīn wèi gè zhǒng yán kù de huán jìng jī běn méi yǒu kě bǎo liú xià lái de ér xiàng tā zhè yàng bǎo cún wán hǎo néng qīng xī de jì lù chū yǔ máo yìn hén de gèng shì shǎo zhī yòu shǎo

始祖鸟化石发现于1861年德国的一个旧采石场。始祖鸟的发现被称为是一个奇迹，因为远古时期鸟类的化石因为各种严酷的环境，基本没有可保留下来的，而像它这样保存完好，能清晰地记录出羽毛印痕的，更是少之又少。

始祖鸟的羽毛

shǐ zǔ niǎo yōng yǒu líng mǐn de xiù jué ma
始祖鸟拥有灵敏的嗅觉吗？

xiàn dài niǎo lèi shēn tǐ qīng yíng cōng míng jī jǐng tā men de zǔ xiān shǐ zǔ niǎo yě háo bù xùn sè dāng xiàn dài niǎo lèi zài máng yú jìn huà shì jué tīng jué hé fēi xíng píng héng gǎn de shí hou xiù jué què zài zhú jiàn tuì huà ér shǐ zǔ niǎo zé jì chéng le yì nián qián mǒu zhǒng xiǎo xíng ròu shí kǒng lóng de xiù jué shǐ de tā gēn xiàn dài niǎo lèi xiāng bǐ zài xiù jué líng mǐn dù shang gèng shèng yī chóu

现代鸟类身体轻盈，聪明机警，它们的祖先——始祖鸟也毫不逊色。当现代鸟类在忙于进化视觉、听觉和飞行平衡感的时候，嗅觉却在逐渐退化，而始祖鸟则继承了1.5亿年前某种小型肉食恐龙的嗅觉，使得它跟现代鸟类相比，在嗅觉灵敏度上更胜一筹。

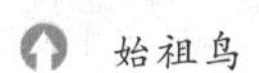
始祖鸟

探索之路>>>

形形色色的恐龙化石，给科学家提供了宝贵的研究资料。恐龙的大小、种类、生存、繁衍、捕食、活动，都是通过化石得来的。当然，目前人类对恐龙的了解，还只是冰山一角，人们探索恐龙的脚步也从未停止过，让我们跟随先行者，去获得更多有关恐龙的信息吧！

kǒng lóng shì zěn yàng bèi fā xiàn de

 恐龙是怎样被发现的？

dì yī gè fā xiànkǒnglóng de rén shì xǐ huanshōu jí yán shí hé huà shí de yīngguó yī
第一个发现恐龙的人，是喜欢收集岩石和化石的英国医
shī jí dí áng màn tè ěr nián tā yǔ fū rén mǎ lì zài yán shízhōng fā xiàn le
师吉迪昂·曼特尔。1820年，他与夫人玛丽在岩石中发现了
qiàn zài qí zhōng de jù dà yá chǐ hòu lái tā hái fā xiàn le xǔ duō jù dà de gǔ gé tā
嵌在其中的巨大牙齿，后来他还发现了许多巨大的骨骼。他
yán jiū dé chū jié lùn zhè xiē yá chǐ hé gǔ gé yīng gāi shǔ yú mǒuzhǒngpáng dà pá xíngdòng wù
研究得出结论：这些牙齿和骨骼应该属于某种庞大爬行动物，
bìngchēng qí wéi qín lóng cóng cǐ yě jiù lā kāi le rén lèi xúnzhǎokǒnglóng huà shí de xù mù
并称其为禽龙，从此也就拉开了人类寻找恐龙化石的序幕。

shén me shì kǒng lóng huà shí

 什么是恐龙化石？

kǒnglóng sǐ hòu shī tǐ jìng jìng de tǎng zài nà lǐ jīng guò wú shù gè fēngchuī rì shài
恐龙死后，尸体静静地躺在那里，经过无数个风吹日晒，
zuì zhōng bèi shā tǔ yǎn mái jīng guò qiān bǎi wànniánshèn zhì shàng yì nián de chén jī zuòyòng zhè
最终被沙土掩埋。经过千百万年甚至上亿年的沉积作用，这
xiē kǒnglóng de gǔ gé jiù biàn de hěnxiàng shí tou wǒ menchēng zhī wéi shí huà ér shí huà de
些恐龙的骨骼就变得很像石头，我们称之为石化，而石化的
kǒnglóng gǔ gé hé yá chǐ jiù shì wǒ menxiàn zài suǒshuō de kǒnglóng huà shí
恐龙骨骼和牙齿就是我们现在所说的恐龙化石。

恐龙化石

恐龙化石是如何形成的？

覆盖恐龙尸体的沉积物或泥沙中有许多微小的颗粒，它们在尸体表面形成一层松软覆盖物，而这条“毯子”使腐食动物很难侵袭恐龙尸体，也可以防止被空气氧化；同时，恐龙的骨骼等坚硬部分则在沙土中变得愈加坚硬，经过长时间的作用，恐龙化石就形成了。

恐龙化石

“恐龙”一名是怎么来的？

理查欧文

“恐龙”这个词源于希腊语，意思是恐怖的蜥蜴。在发现了禽龙等一些恐龙之后，英国古生物学家理查欧文爵士，用拉丁文给已经发现的恐龙创造了一个总名称——恐怖的蜥蜴。从此，“恐怖的蜥蜴”即“恐龙”就成了这一类爬行动物的总称。

nǐ tīng guò kǒng lóng gōng mù ma
你听过“恐龙公墓”吗？

自贡恐龙博物馆的“中华盗龙”

zài shì jiè shang de yī xiē dì fang rén men zài dì dǐ xià fā xiàn le dà liàng bù tóng zhǒng lèi de kǒnglóng yí hái rén menchēngzhè xiē dì fang wéi kǒng lónggōng mù kǒnglónggōng mù hěn kě néng shì yóu yú kǒnglóngshēngqián zāo yù mǒuzhǒng zì rán zāi hài bèi xùn sù yǎn mái xíngchéng de zhè xiē yīn sēn mù dì zhōng de kǒnglóng gǔ hái duì kǒnglóng yán jiū yǒu hěnzhòngyào de yì yì

在世界上的一些地方，人们在地底下发现了大量不同种类的恐龙遗骸，人们称这些地方为“恐龙公墓”。“恐龙公墓”很可能是由于恐龙生前遭遇某种自然灾害被迅速掩埋形成的。这些“阴森”墓地中的恐龙骨骸，对恐龙研究有很重要的意义。

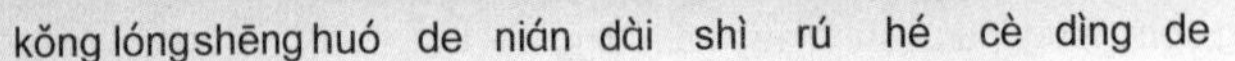

恐龙生活的年代是如何测定的？

科学家使用先进的年代测定方法——钾、氩年代测定法，精确确定出迄今为止恐龙的生活年代。该方法通常用在测量岩石年代上，科学家在发现恐龙化石后，通过周围环境分析就会得到恐龙生活的具体年代。

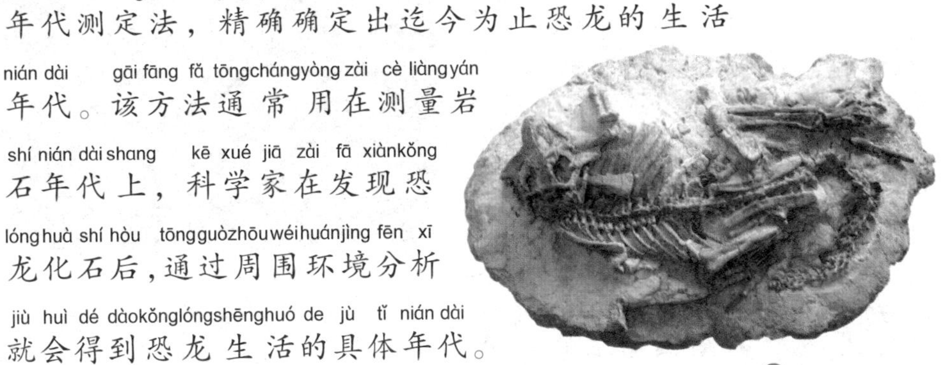

科学家根据恐龙化石及周围环境测定恐龙生活的年代

化石可以鉴别恐龙的性别吗？

化石可以用来鉴定恐龙性别，一个美国的研究小组说，他们将恐龙化石中的软组织与鸵鸟等鸟类身上的同类组织相比较，鉴定出了恐龙的性别。他们用这种方法判断出，从美国蒙大拿州发掘出的一具小型的霸王龙化石，是一头年轻的雌性恐龙，而且可怜的“她”在6800万年前死亡时正在产卵。

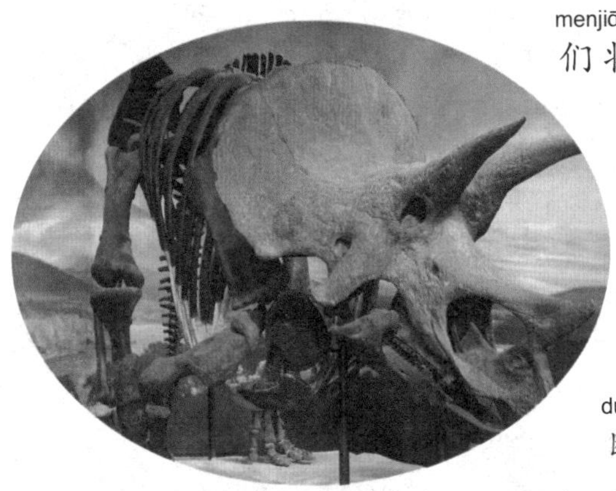

恐龙化石

 怎样确定恐龙化石的年龄？

由于恐龙化石掩埋在一定的地层里，而伴随恐龙一起掩埋的还有许多植物化石，因而，人们可以根据埋藏在恐龙身边的植物化石年龄来推断出恐龙化石的年龄；有时人们也可以通过测量恐龙化石周围岩石的形成时间，来确定恐龙化石的年龄。

恐龙化石

在什么地方能找到恐龙化石？

恐龙生活在中生代，当然要到中生代地层去寻找。我国四川盆地的中生代地层特别多，所以在那里发现了大量恐龙化石。此外，美国的犹他州和科罗拉多州一带、加拿大阿尔伯达省、非洲的坦桑尼亚、蒙古和我国的内蒙古地区、云南的禄丰盆地、河南南阳和广东河源地区，以及辽宁的西部等都有丰富的恐龙化石。

非洲坦桑尼亚地区

 为什么科学家认为恐龙是爬行动物？

恐龙是生蛋繁殖，而且身体上没有毛或羽毛，只有鳞片，口中牙齿的形状大体相同，这些都是爬行动物的特征，所以科学家认为恐龙属于爬行动物。在漫长的动物进化史上，爬行动物处在中间位置，承上启下，位置显赫，而恐龙，更是爬行动物中的佼佼者。

恐龙不仅是已灭绝的、巨大的远古爬行动物，而且是能直立行走的远古爬行动物。

kǒnglóng yǔ qí tā pá xíngdòng wù de qū bié shì shén me
恐龙与其他爬行动物的区别是什么？

kǒnglóng yǔ qí tā pá xíngdòng wù de qū bié
恐龙与其他爬行动物的区别，
shǒuxiān shì sì zhī de shēngzhǎngfāng shì yī bān pá
首先是四肢的生长方式：一般爬
xíngdòng wù de sì zhī shì cóngshēn tǐ liǎng cè shēngzhǎngchū
行动物的四肢是从身体两侧生长出
lái de zhè jiù jué dìng tā men zhǐ néng pá xíng ér kǒnglóng
来的，这就决定它们只能爬行。而恐龙
de sì zhī shì cóngshēn tǐ de xià mianshēngzhǎngchū lái de yú
的四肢是从身体的下面生长出来的，于
shì kǒnglóngxíngzǒu shíshēn tǐ de fù bù jiù kě yǐ tái lí dì miàn
是恐龙行走时身体的腹部就可以抬离地面，
lìng wài yǒu kē xué jiā tí chūkǒnglóng shì héngwēndòng wù zhè dōu shì qū bié
另外，有科学家提出恐龙是恒温动物。这都是区别
yú qí tā pá xíngdòng wù de tè zhēng
于其他爬行动物的特征。

从身体下面生长出来的四肢

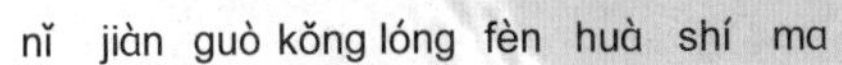

nǐ jiàn guò kǒng lóng fèn huà shí ma
你见过恐龙粪化石吗？

kǒnglóng fèn huà shí shì kǒnglóng zuì zhòngyào de yí wù yóu yú fèn
恐龙粪化石是恐龙最重要的遗物。由于粪
bù yì xíngchénghuà shí huò bèi rén men rèn shí bìng cǎi jí gù ér yǐ jīng fā
不易形成化石或被人们认识并采集，故而已经发
xiàn de fèn huà shí hěnshǎo yán jiū kǒnglóng fèn huà shí kě yǐ quèdìngdāng
现的粪化石很少。研究恐龙粪化石可以确定当
shí de kǒnglóng chī de shì shénme shí wù hái kě yǐ quèdìng shì shénme kǒng
时的恐龙吃的是什么食物，还可以确定是什么恐
lóng liú xià de fèn biàn
龙留下的粪便。

食肉恐龙的粪化石

kǒng lóng shēn tǐ de nǎ xiē bù wèi róng yì xíngchéng huà shí
恐龙身体的哪些部位容易形成化石？

jī běnshàngkǒnglóngshēn tǐ gòu zào de měi yī bù fen yǐ jí wéi rào tā de shēnghuó hén
基本上恐龙身体构造的每一部分，以及围绕它的生活痕
jì dōu kě yǐ bǎo liú xià lái xíngchénghuà shí dànkǒnglóng yá chǐ
迹都可以保留下来形成化石，但恐龙牙齿
hé gǔ gé shì zuì róng yì xíngchénghuà shí de
和骨骼是最容易形成化石的
bù wèi yīn wèi tā men hěn jiān yìng
部位，因为它们很坚硬，
bù xiàng pí fū nèi zàngděng nà me
不像皮肤、内脏等那么
róng yì xiāo shī kě yǐ lì jīng fēng yǔ
容易消失，可以历经风雨
bǎo liú xià lái
保留下来。

恐龙头骨化石

zú yìn huà shí shì zěn yàng xíngchéng de
足印化石是怎样形成的？

zú yìn huà shí shì yóukǒnglóng jiǎo yā er cǎi chū lái de huà shí tā shì kǒnglóng zài
足印化石是由恐龙脚丫儿“踩”出来的化石。它是恐龙在
dì miànshangzǒu lù shí xíngchéng de jiǎo yìn jīng guòshàng
地面上走路时形成的脚印，经过上
yì nián ní tǔ de chén jī zhè xiē míngxiǎn de yìn jì
亿年泥土的沉积，这些明显的印记
jiù bèi jì lù zài hěnshēn de tǔ céng lǐ jiàn jiàn xíng
就被记录在很深的土层里，渐渐形
chénghuà shí tā yě shì yán jiū kǒnglóng de yī xiàng bù
成化石。它也是研究恐龙的一项不
kě huò quē de bǎo guì zī liào
可或缺的宝贵资料。

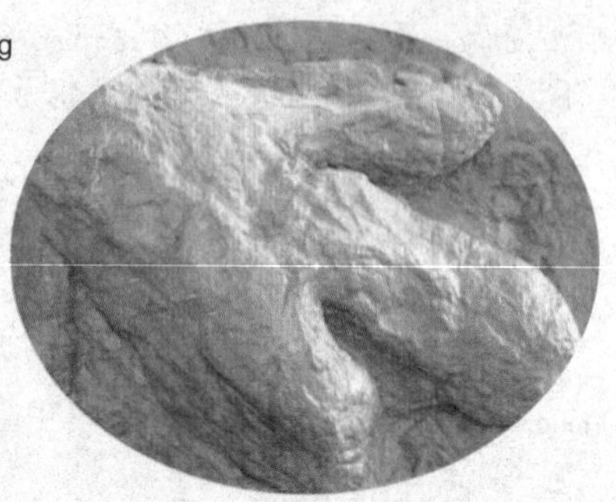

恐龙脚印化石。

zěn yàng gū suànkǒng lóng de tǐ zhòng
怎样估算恐龙的体重？

měi guó gǔ jǐ zhuīdòng wù xué jiā kē ěr bó tè lì yòng fù yuán mó xíng cè liàng tǐ zhòng
美国古脊椎动物学家科尔伯特，利用复原模型测量体重
de fāng fǎ gū suànkǒnglóng de tǐ zhòng xiān bǎ kǒnglóng fù yuán mó xíngfàng dào yī gè xiāng zi
的方法估算恐龙的体重。先把恐龙复原模型放到一个箱子
lǐ tiánshàngshā zi suànchūzhěngxiāngzhòngliàng zài yòng jīn tiān niǎo lèi de tǐ zhònggōng shì
里，填上沙子，算出整箱重量，再用今天鸟类的体重公式
qiú chū
求出。

恐龙

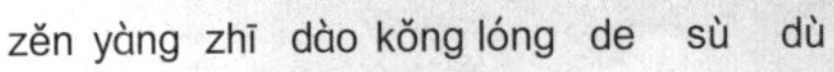

怎样知道恐龙的速度？

动物的足迹、步幅的大小与奔跑速度有一定的关系，古生物学家通过测量恐龙腿骨化石，知道了恐龙腿的长度，再加上恐龙足迹提供的步幅长度，就能计算出恐龙的奔跑速度。比如，人们通过测算，得出那些体型小巧、体重不超过250千克的两足恐龙能以每秒钟12米的速度奔跑。

南极洲发现过恐龙化石吗？

美国科学家曾在南极洲发现两种恐龙化石，一种是移动迅速的食肉恐龙，另一种是大型食草恐龙。这两种恐龙所生活的南极洲与现在完全不同：当时那里的环境温热潮湿，适宜生存，如今却是冰天雪地。

冰脊龙是第一头在南极洲发现的肉食性恐龙

根据什么确定恐龙皮肤的类型和颜色？

恐龙皮肤的类型和颜色很类似于今天的爬行动物，如：鳄鱼、蜥蜴、乌龟和蛇等。因此，科学家对恐龙皮肤的描述，主要是根据今天的爬行动物特征来进行严格的推测。目前为止发现的恐龙皮肤化石也证明了这种方法的正确性。

哪里是恐龙蛋之乡？

科学家们在中国广东省河源市发现了大批恐龙蛋化石，总共有78窝、523枚。自1922年美国的中亚探险考察队，在蒙古境内首次发现恐龙蛋化石后，人们在很多地方相继发现了恐龙蛋化石，但这样大规模的恐龙蛋聚集地的发现，还是第一次，所以广东省河源市理所当然被评为“恐龙蛋之乡”。

rú hé zài yě wài xún zhǎo kǒng lóng huà shí

如何在野外寻找恐龙化石？

zài yě wài jìn xíng cǎi jí shí chōnggōu duàn yá zhè xiē dì fangróng
在野外进行采集时，冲沟，断崖这些地方容
yì zhǎodàokǒnglóng huà shí yīn wèichōnggōu huòduàn yá chù chángcháng huì
易找到恐龙化石。因为冲沟或断崖处，常常会
yǒushēnmái zài lǐ miàn de yán shí bào lù chū lái zhè xiē yán shí nián dài jiǔ
有深埋在里面的岩石暴露出来，这些岩石年代久
yuǎn lǐ miàn yǐn cángzhe xǔ duō mì mì yóu qí shì chōnggōu lǐ de shí tou
远，里面隐藏着许多秘密，尤其是冲沟里的石头，
jīng guò liú shuǐ de bù duànchōngshuā yǒu nián dài de kǒnglóng huà shí zì rán
经过流水的不断冲刷，有年代的恐龙化石自然
yě jiù lòu le chū lái
也就露了出来。

wǒ guó nǎ xiē dì fangshèngchǎn kǒng lóng

我国哪些地方盛产恐龙？

四川自贡市发现的化石

wǒ guókǒnglóng de shèngchǎn dì zhǔ yào wèi yú xī
我国恐龙的盛产地主要位于西
nán yún nán sì chuān xī cáng guì zhōu hé shāndōng
南（云南、四川、西藏、贵州）和山东、
xīn jiāng nèi měng gǔ děngshěng yǐ jí zhōngnán hé dōng
新疆、内蒙古等省以及中南和东
nán dì qū qí zhōng sì chuānshěng zì gòng shì shì wǒ
南地区。其中，四川省自贡市是我
guó de kǒnglóng wō kǒnglóng shùliànghěn duō yǒu mǎ
国的“恐龙窝”，恐龙数量很多，有马
mén xī lóng shǔ lóng é méi lóng yǒngchuānlóng huá
门溪龙、蜀龙、峨嵋龙、永川龙、华
yánglóng tuó jiānglóngděng zì gòngkǒnglóngguǎn hái bèi měi guó quán qiú dì lǐ zá zhì píng jià
阳龙、沱江龙等。自贡恐龙馆还被美国《全球地理杂志》评价
wéi shì jiè shang zuì hǎo de kǒnglóng bó wù guǎn
为“世界上最好的恐龙博物馆”。

 电影里的恐龙是什么样的？

diàn yǐng lǐ de kǒng lóng shì shén me yàng de

diànyǐngzhōng de kǒnglóng dà dōu shì gēn jù xiànyǒu de kǒnglóngzhèng jù chuàngzào de yě fēn wéi ròu shí xìngkǒnglóng hé sù shí xìngkǒnglóng zuì chángchū jìng de ròu shí xìngkǒnglóng jiù shì bà wánglóng le tā men zài diàn yǐngzhōngwēiměng wú bǐ chī qí tā zhǒng lèi de ruò xiǎodòng wù hái yǒu rén ér sù shí xìngkǒnglóng zé shēnghuó zài dà sēn lín lǐ chī zhí wù guò zhe zì jǐ de xiǎo rì zi

电影中的恐龙大都是根据现有的恐龙证据创造的，也分为肉食性恐龙和素食性恐龙。最常出镜的肉食性恐龙就是霸王龙了，它们在电影中威猛无比，吃其他种类的弱小动物，还有人；而素食性恐龙则生活在大森林里，吃植物，过着自己的小日子。

生活在大森林里素食性恐龙

kǒng lóng shì fǒu hái yǒu xìng cún zhě
恐龙是否还有幸存者？

wànnián yǐ qián kǒnglóng yīn wèi wú fǎ shì yìng dì qiú shang de
6500万年以前，恐龙因为无法适应地球上的
shēnghuóhuánjìngděngyuán yīn miè jué le rú guǒ yǒu xìng huó xià lái de kǒng
生活环境等原因灭绝了。如果有幸活下来的恐
lóng nà tā men yě yīng gāi fán yǎn zǐ sūnchóng xīn zhuàng dà le dàn mù
龙，那它们也应该繁衍子孙重新壮大了，但目
qiánbìng méi yǒu fā xiàn guò tā men de zú jì wǒ men jiù zhǐ nénggēn jù
前并没有发现过它们的足迹。我们就只能根据
zài dì céng lǐ zhǎodào de kǒnglóng huà shí lái liáo jiě tā men suǒ yǐ kǒnglóng
在地层里找到的恐龙化石来了解它们，所以恐龙
zhōngyīng gāi méi yǒunéngcún huó zhì jīn de le
中应该没有能存活至今的了。

kǒng lóng hái néng fù huó ma
恐龙还能复活吗？

kǒnglóng fù huó shì hěn bù róng yì de wǒ men wú fǎ cóngxiàn zài
恐龙复活是很不容易的。我们无法从现在
de kǒnglóng huà shí zhōng tí qǔ kǒnglóng de jī yīn xù liè
的恐龙化石中提取恐龙的基因序列，
ér qiě yì wànniánqiánkǒnglóng de shēngcúnhuánjìng hé
而且，亿万年前恐龙的生存环境和
xiàn zài dà yǒu bù tóng wǒ men yě bù kě néngwèi
现在大有不同，我们也不可能为
tā menchuàngzào chū shì yí de shēngcúnhuán
它们创造出适宜的生存环
jìng tóng shí kǒnglóng de shēngcún fán
境。同时，恐龙的生存繁
yǎn kě néng huì pò huàixiàn zài shēng
衍可能会破坏现在生
wù quān de pínghéng suǒ yǐ fù
物圈的平衡，所以复
huó nán dù hěn dà
活难度很大。

恐龙

图书在版编目（CIP）数据

恐龙之谜/青少科普编委会编著.—长春：吉林科学技术出版社，2012.12（2019.1重印）
（十万个未解之谜系列）
ISBN 978-7-5384-6371-2

Ⅰ.①恐… Ⅱ.①青… Ⅲ.①恐龙—青年读物②恐龙—少年读物 Ⅳ.①Q915.864-49

中国版本图书馆CIP数据核字（2012）第275148号

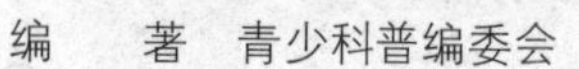

十万个未解之谜系列

恐龙之谜

编　　著　青少科普编委会
编　　委　侣小玲　金卫艳　刘　珺　赵　欣　李　婷　王　静　李智勤
　　　　　赵小玲　李亚兵　刘　彤　靖凤彩　袁晓梅　宋媛媛　焦转丽
出 版 人　李　梁
选题策划　赵　鹏
责任编辑　万田继
封面设计　长春茗尊平面设计有限公司
制　　版　张天力
开　　本　710×1000　1/16
字　　数　150千字
印　　张　10
版　　次　2013年5月第1版
印　　次　2019年1月第7次印刷

出　　版　吉林出版集团
　　　　　吉林科学技术出版社
发　　行　吉林科学技术出版社
地　　址　长春市人民大街4646号
邮　　编　130021
发行部电话/传真　0431-85635177　85651759　85651628
　　　　　　　　　85677817　85600611　85670016
储运部电话　0431-84612872
编辑部电话　0431-85630195
网　　址　http://www.jlstp.com
印　　刷　北京一鑫印务有限责任公司

书　　号　ISBN 978-7-5384-6371-2
定　　价　24.80元